U0054304

廚師劇場

蘇

【看蘇杭菜的故事。品天堂味的鮮美】

推薦序

堅持完美，精準到「味」
探索文斌（Chef Alan）的美味祕訣

談起蘇杭菜：起始于南北朝時期，唐宋以後，與江浙菜相應精緻，蘇杭美味更是玲瓏細巧成為「南食」兩大台柱之一。

自古都說上有天堂，下有蘇杭。沒有去過蘇杭的人生是不完整的。天香水榭，斷橋殘雪，更是美食美景。

老罈醉香雞、杭州燻魚、西湖蓴菜羹、姑蘇醬滷鴨……這些廣為人知的菜肴，刀工細膩，造型講究，配色和諧，口感甜潤，蘇杭菜生來就帶著一股詩情畫意般的意境。

然而蘇州林園小橋、杭州印月西湖給人的風雅，給人朦朧的感覺，文人雅士們喜歡在這種氛圍裡消遣，沒有醉酒陋態，也沒有煙薰火燎的味道，有的只是慢慢品嘗，享受著精緻的蘇杭菜。

刀工細膩，口感甜潤。傳承中式料理的本味。

談到中餐的分類，現在常常變成相對於西餐的類別，而實際上中式料理發展數千年，各式餐點菜系之分，不同系統的菜肴，有他們各自嚴謹的系統和做法，刀工、味道、樣貌，色香味都有細緻的講究之處。

料理偏甜也不盡然就是蘇杭料理，「西湖醋鯇魚」必須鹹鹹酸酸，其中帶有微甜；「八寶辣醬」，不是加了辣椒、而是由炒辣醬改良而來的。「八寶辣醬」味道辣鮮而略甜，而是其條件中必備鹹酸甜的基本味，每道菜都有屬於自己的味道。

有些菜講究的是香氣、鍋氣，有些則是講究味蕾的層次感。每道料理都無法套用公式，一定要親自入廚才能參悟。我個人認為的「本味」，料理不該單只從表相去定義菜系，而應該是實作之後體現其精髓。

原本以為平凡的家常菜，在徐師傅的手中卻變得一點都不平凡。經由徐文斌 Chef Alan 多年來的研究，這些名菜都能順利變成你小廚房裡的收藏菜色！

這本食譜詳細地拍攝每道菜的示範步驟，就是希望即使在家也能讓你用看得就學會作菜，讓每道家常菜能夠對你的味，把這樣經典的好味道帶回去與你的家人分享，在餐食間找回屬於「家」的味道。

黃聖良

總經理 General Manager
中國南京索菲特銀河大酒店
Sofitel Nanjing Galaxy

推薦序

悠遊於古代的歷史河流中

蘇杭菜一直是我最鍾情的料理，除了講究燉、燜、燒、煨、炒的烹飪技藝而著稱，每道菜背後的故事淵源，更是引人入勝，也給每道料理增添了不少韻味，讓食客們在大啖美食之餘，也能夠悠遊於古代的歷史河流中，不知不覺中豐富了你的味覺。

「慢著火少著水，火候足時他自美」，大文豪蘇軾的東坡肉成為蘇杭菜能夠廣為流傳的功臣之一。但由於蘇杭一帶滿是文人雅士，食材的原味以及注重養生的需求，更成為了蘇杭菜色的一大特點，現代人追求吃得健康，大魚大肉或各類的食品添加劑已著實令人心驚膽顫，Chef Alan 在此時苦心介紹並推廣的蘇杭菜，我相信也會成為一種趨勢。

若是有機會與 Chef Alan 聊上一會兒，您必定會為他淵博的知識及發亮的眼神而驚訝，從中國八大菜系到西洋和風料理，只要是與餐飲相關的領域，Alan 一定會花時間去鑽研、去深究，他不斷地挑戰自我，征戰大江南北，成為最年輕的國際五星級飯店行政總廚，靠的是他堅強的毅力，與對餐飲的熱情。他在餐飲的領域持續地充實自我與學習，現在更是樂於分享，提攜後進，能與 Chef Alan 共事是我的榮幸，多年來請他幫忙的地方著實不少，希望 Alan 這本書也能幫到所有的讀者。

Thank you, Chef！

Benjamin Huang
總經理
General Manager
林口亞昕福朋喜來登酒店
Four Points by Sheraton Linkou

推薦序

舌尖韻味，中華食文化之皇家膳食

王天下者食天下，歷朝歷代皇室貴族對「吃」，那是一種講究！

乾隆年間，由於數次南巡，乾隆喜歡上了江浙美食，蘇杭菜便在宮廷內流行起來。所謂百二十甕醬供一餐，皇帝一餐所用的菜品動輒幾十種，甚至上百種，乃至上千種，這是普通人難以企及的。深宮大院中的美味佳肴與當時高官巨賈們的「善烹小鮮，文人筆墨」互相攀比著自己對於人生第一要義「吃」的品味。

清新樸素、淡雅恬靜，這是我對於蘇杭菜品文化的品味與感觸。

愛上蘇杭菜，有如水映鏡屏中林園小橋～崑曲繞樑給人有霧台看花的美。

品味蘇杭菜，有如詩詞歌賦、文人品嘗的優雅、對於「吃」的執著。

「不時不吃」更是體現四季食材與烹調中保持原色原味，堅持養生食療的精髓。

提起徐文斌 總監，嘗過他的美食之人想必都不會覺得陌生，在做菜方面，徐總監不僅為台灣曾赴歐美各地巡迴推展美食，贏得了許多國內外老饕的讚美，也引起不少烹飪研究家的興趣。從中國烹飪歷史角度說，儼然是一塊活化石，而這本蘇杭美食菜譜更是提供了一份研究中華美食最完整而準確的資料。

有文化氛圍的蘇杭菜，不只是方便快捷，滿足於人們的口腹之欲，甚而是要追尋文化品味，並將傳統模式繼承下來。過去的江浙上海菜，是小餐廳的前身，餐廳整體的基調需要和菜肴相符，做到不僅僅是在吃菜，更要品菜，再者講究傳承。希望這本蘇杭美食菜譜能觸及到更多喜歡到處品嘗美食的人，讓大家對蘇杭菜能有更高的感受及要求，有所選擇的同時更試著了解追溯這份蘇杭美食的淵源。

姚連地

姚連地 董事長
Chairman Andy Yao
亞昕集團
Yea Shin International Development Group

前言

為何叫廚師劇場？

三千多年前，周朝的御膳管理機構叫「太官」，廚師通稱「庖人」，周朝食官表裡列出的膳夫，是為食官總管，就是現今的餐飲總監或行政主廚。而各式分管專長也不同的名稱，和現代是一樣的，庖人只殺不炒、內饔負責選料、亨人及烹人負責烹煮、漁人負責魚鮮、獸人負責獵之禽肉、甸師管糧草，即柴火燃料、酒人掌酒，凌人掌冰、醢人管醬、醯人掌醃漬之物、鹽人管鹽等等。

我們現在則通稱廚師為「烹調之專業人員」，自古以來，廚師男多女少，唐朝段文昌的家廚人稱「膳祖」，是位廚娘；宋朝特別重視女子從事廚藝，能成為廚娘，是祖上有光，有地位又賺錢；五代有位比丘尼梵正，有道名菜叫輞川小樣，以拼盤的方式呈現出輞川的 20 道景色，這大概是最有名的花色拼盤，到了現代最有名的台灣女廚師，則是傅培梅女士。

廚師從庖人、饔人、廚司、炊人，軍中叫伙夫、火頭軍，寺院叫菜頭、飯頭，《禪門規式》言：「主飯者曰為飯頭，主菜者曰為菜頭」。另一種叫「行廚」是流動廚師的稱呼，沒有固定的地方，四處為廚。廚師的名稱出現大約在宋朝，宋朝的官裡有四司六局，四司其一司為廚司，負責廚務的工作，廚司轉變為廚師，理解為廚房裡的師傅，也是合理的。

中華民族廚師這行，祭祀祖師爺，但就像現今台灣政治，各黨有祭祀的對象，最早商朝的伊尹、彭祖，到春秋時齊國的易牙，易牙把自己的兒子，烹煮後獻給齊桓公，這也有人祭拜；另外一位叫詹王，是隋文帝時代的人，每年農曆八月十三，供奉這位廚師菩薩，也是當地收徒拜師、出師謝師的好日子。

廚師在中華民族的歷史上，從伊尹拜相的高官（三千多年前），歷經家廚、家奴的年代，如今這三十年間才是廚師最大的變化，從家貧、不愛唸書的小孩，到上市上櫃的大老闆，小學、國中畢業到碩士、博士的學術地位。

傳統技藝，口耳相傳，只憑經驗，而無數據，如今科技發達，大部分皆可以數據來印證與保存，但中國菜還是保留許多不可思議的經驗傳承，是無法用科技來計算的。廚師劇場是希望透過這樣的一個平台，去看看台灣的中國菜，與中國的中國菜不同之處，由這些有廚德、廚藝的廚師來詮釋，說清楚，道明白，做菜到底是怎麼一回事？

作者序

我的廚藝人生

人生在世，要想將生活嚼得有滋有味，把日子過得順心如意，
往往靠的不只是嘴巴，還要有一顆浸透人間煙火的一顆赤子之心。

廚師，在我年輕高中畢業時，從未在我人生中納入規劃工作裡的選擇……
因為他不夠……「帥」，套一句現在年輕人的說法……太累人、時間太長、很難出頭……
沒時間追女朋友，這份職涯工作不是你投入了就會有所回報，「廚師長」「Chef」，要當上這個職缺非幹個 15 ～ 20 年，就算幹到這個歲數也未必會有這個際遇。

1989 年畢業于高職「電子資訊科」，因高中學生時期在餐廳半工半讀，畢業後對於升學並沒有太大的興趣，所以從外場服務員走入廚房當學徒，誰知道這一晃眼，工作履歷快要 30 年，對於餐飲及廚房工作，從不知到瞭解，到培養興趣，甚至愛上這份工作而深深著迷。

1991 年由於臺灣經濟起飛，帶動餐飲業蓬勃發展，我曾經在多家知名餐廳、五星級飯店及高級俱樂部服務過，如臺北亞都飯店、台中永豐棧麗致酒店及新加坡、悅榕莊、Angsana，中餐、西餐、泰餐廳等三廳「行政總主廚」，並曾受邀於新加坡民丹島頂級度假 VILLA 的悅榕度假村（Banyan Tree Bintan）擔任客座主廚，而後之任職於台中一家五星級溫泉度假飯店－從飯店籌備至正式營運擔任，「行政總主廚」及兼任 F&B「餐飲部協理」的職位。

2009年因緣際會因為面試時的一句話:「我們是歐洲品牌的飯店連鎖集團，Accor 雅高集團，NOVOTEL 諾富特飯店，不知道你『行不行』。」以「中餐主廚」任職，籌備開幕，同年晉升「行政總主廚」一職，更讓中餐廳在隔年參加 Accor 雅高集團全球期下品牌飯店餐廳評比 10 大優越中餐廳的殊榮。這數十年來越來越多的美食節目在螢屏上閃亮登場，大家看到的都是廚師光鮮的一面，感覺廚師在攝像機下風光無限。

然而一般人很難瞭解到真正的廚師生活，我在這餐飲一行裡做了多年，從廚房內最底層「打伙」做起，一直到廚師長，又因緣機會更挑戰擔任「餐飲總監」的職位，希望能盡一份心意讓中華美食中的蘇杭食饌的「輕淡適中，選料精細，時令時鮮，多元趨新」與你有不同的感受……「天堂味」不同一般的食譜書籍……希望你能從書中細細品味……除了嗅出天香肴味……還有一份廚師對於菜肴的傳承與堅持。

廚房的工作是興趣，是職業，更是我終身不願放棄的一份執著。

徐文斌

CONTENTS
目錄

CHAPTER 3

喝湯——有清湯、羹湯

CHAPTER 4

主食——吃飯還是吃麵，還有甜點

天堂味——蘇州、杭州菜

「上有天堂，下有蘇杭」，所以蘇杭菜被稱作天堂味。

廚師劇場前一本書，叫《北方菜》，做的菜與典故源由，大概都是北方的語言與習性，在台灣快消失了，廚師劇場的第二幕戲演的是「天堂味，蘇杭菜」，「上有天堂，下有蘇杭」，這是最常用於形容蘇州、杭州，所以蘇州、杭州菜就成了「天堂味」。

中國的歷史上，春秋時期，約 2000 年前，所發生以西施為主角的爭霸戰，吳國的首都為現今的蘇州，越國的首都是紹興，直到中國史上最弱的一個朝代「宋」，從北宋兩個皇帝，被俘擄的靖康之難，歷史上被殺頭或自殺的皇帝比比皆是，但因兩個被俘虜的皇帝，而首都被逼的南遷到臨安（杭州），南宋是僅有，而在這 1000 年前此時的上海，還是個小漁村。

講究的蘇州人，重筍的杭州菜

這本書做的菜，大概都是，蘇州與杭州的家常菜，也會帶些江蘇與浙江的地方菜，在中國大陸，他們對這些菜系分的很清楚，也希望能說清楚，台灣的蘇、杭菜與源自中國的蘇幫、杭幫菜的元素與分歧。

蘇州四季不斷菜，三日不吃青，肚裡冒金星，蘇州人喜歡食當季青菜，講究到時間一過，你送他，他都不吃，就算是不富裕的年代，也是如此，這就是蘇州人，蘇州菜。

杭州一年不斷筍，產筍，也好吃筍，鮮筍、醃筍都應用的適時適物，杭州號稱的天下第一麵，「片兒川」，講究的是筍重於肉的挑選，好肉的部位容易找，而筍因為季節的關係，不可測的因素就多了。歷年來，上海的後花園—蘇州，杭州的西湖，西溪，都是文人喜歡居住的地方。 雖然蘇州太湖的東山，杭州的西湖，已經是人滿為患，少了份幽靜，卻多了些熱鬧，從這些因素流傳與留下來的菜，總是充滿了書香味，而少了些銅臭味。

鮝是什麼？腐衣、腐皮、千張、百頁結，差別在哪？東坡肉是蘇東坡燒的肉？那東坡魚、東坡豆腐，又從哪裡冒出來的？蘇杭菜，大菜有，多的是家常味，而從平常家味很濃厚的飲食習慣裡，引出吃的品味與典故。

好吃的菜，歷久不衰，創新的菜，如果經不起時間的考驗，很快就被淡忘了，如今這網路時代，淘汰的更快，各位看官，不是嗎？

蘇杭的三種經典茶品

要談蘇杭菜，不能不先談談西湖龍井、洞庭碧螺春、茉莉龍珠，這三種茶。

茉莉龍珠

茉莉龍珠，即茉莉花茶，北方稱為茉莉香片，在明朝就有的花茶，北方人喝的多，不講究，幾乎都是一泡到底，先是濃香的釅茶，泡到最後只有水的味道，花茶是薰茶，先用花浸過再薰的做法，茉莉花茶的茉莉花味道很濃，南方人並不喜歡。

洞庭碧螺春

常看到的蘇州人喝碧螺春，杭州人喝龍井，洞庭碧螺春，原產蘇州太湖的東山，有一首老歌，歌詞裡的「東山飄雨西山晴」說的就是這裡，三十年前從東山到西山還要坐渡輪，如今橋已通。「太湖備考」一千多年的唐朝，東山碧螺峰石碧有野茶樹林，山人朱元正採製，用青茶曬乾後泡飲，某年採茶時下雨，採茶姑娘怕茶葉被雨淋濕，把茶葉揣入懷中，嫩芽遇到少女體溫，發出一種奇異清香，山人就稱為「嚇煞人香」（要用

蘇州話講），直到過了數百年後，清朝康熙皇帝至此品嘗到此茶，感其不俗，但名卻平庸，因觀此茶綠如碧，製後卷曲似螺，又是春天上市的茶，遂賜名碧螺春。

1990 年，第一次到蘇州東山去看碩果僅存的彩衣羅漢，廟方泡了杯碧螺春，透明的玻璃杯，一葉一槍於杯中慢慢浮起，色澤是綠中帶些微黃，好看，但喝起來很淡，一點點香氣，沒有嚇煞人香，買了點回家，用開水一沖，完了，水溫太高，這嬌嫩的碧螺春，給泡死了，至今未再喝過碧螺春。

西湖龍井茶

龍井在西湖邊，位置很像南投的鹿谷，好的龍井摘的是雨前，就是清明前幾天，春天經常細雨綿綿，雲霧繚繞，土壤是多為沙質，結構鬆軟，通氣透水，濕度溫度皆宜，出好茶，前幾年有幾位好友與大陸親友一起去遊太湖，住在湖邊的古鎮陸村，一早上山看採茶，吃完早飯後沿路回蘇州，處處都是賣茶的茶坊，而家家戶戶都可看到，清晨剛從山上摘回的茶青，一個大鍋手工炒，不一會就炒好了，原來與台灣的烏龍茶，撿法完全不一樣，烏龍茶經泡，蘇杭的茶太嫩，不經泡，習慣，也就接受了。

蘇杭菜的關鍵——醋

蘇杭一帶，到哪兒都看得到鎮江醋。

1989 年，第一次去大陸探親，從南京、揚州、鎮江、無錫到蘇州，走了一圈，有時在外面的小館吃餃子、包子、麵，桌上都放著一大瓶黑黑的，以為是醬油，倒出來一聞，是醋，沒有一家例外，常常看到大姑娘家，一上桌，先倒碗來喝，後來才知道是鎮江的糯米醋，香而不死酸，適合涼拌、蘸餃子、包子，到了山西太原又不一樣了，館子裡也都備醋，是陳醋，濃又酸，小館子的桌上還擺著用醋泡成綠色的臘八蒜，唐魯孫先生說：台灣的醋，怎麼泡，蒜都是不是綠的，只有越來越黑，江南與西北都愛吃醋，但原料與吃的原因皆不同。

河南人杜康造酒，有一年發大水，杜康一家人從河南遷到江蘇的鎮江，杜康的兒子黑塔，在日常的工作中累了，做了個夢，夢裡有位白髮老者來找他要調味的瓊漿喝，他說：我沒有什麼調味的瓊漿，老者指旁邊的酒缸說：這三口缸已放了二十一天，到明天的酉時，這瓊漿就好了，黑塔醒來一看，那三缸摻了水的酒糟，原是餵馬喝的飼料，他舀了點喝，有種不同於酒的香氣，味道酸中帶香，於是二十一天，酉時的酒糟加水，就成了醋，所以傳說是杜康造酒，兒子黑塔發現了醋，傳說是不考證的，可以胡說八道。

山西人吃醋，是山西位處黃土高原，那裡的水質鹼性太重，不得不多吃醋，來中和體內的鹼性，才形成山西人嗜醋如命，家裡有好醋，以好醋待客是最有面子的，南北醋釀造原料不一樣，因為需求也不一樣，如果你吃大閘蟹，用山西陳醋，醋的酸味蓋過了蟹的鮮味，糟蹋了，做個糖醋排骨，放了大量的鎮江醋，還是不酸，這就用錯了調味料，醋與酒在烹調使用上都有個特性，別放早，多煮兩下就揮發，味道就沒了，倒是在大陸山西館吃了一道小菜，叫老陳醋花生，油炒的花生或香滷花生皆可，不能太爛，陳醋一拌，現拌現吃，台灣沒見的口味，你可以試試看。

紹興酒

南方的酒被稱作南酒，而南酒便是紹興酒的通稱。

紹興酒：北方的酒皆為烈酒，北方稱南方的酒為南酒，南酒是紹興酒的通稱，蘇杭菜用的是南酒，雖然有用料酒輔助，但不用北方的烈酒，在明朝末年之前，北方是帝都所在，喝的都是北方烈酒，因為南方的酒是以陶瓷罐裝，重又易碎，直到康熙南遊才知道南酒之美，此時運河亦已修復通航，此為「漕運」，即中國兩大神祕組織，清幫、洪幫裡清幫的興起，而在當時北京送禮高官，最受歡迎的就是紹興酒配金華火腿，這兩樣是江浙菜的魂，紹興酒約有四千多年的歷史，為世上最古老的酒種之一。

紹興酒的好是有好水與好米，紹興酒當地稱「老酒」，高一級的是加飯，分本色與狀元紅，即竹葉青與狀元紅，以較好的瓷容器來裝的就叫花雕，晉張華的博物誌記載了一則紹興酒的神話：一日王肅、張衡、馬均三人，冒寒晨行，一人飲酒，一人飽食，一人空腹，結果，空腹者死，飽食者病，飲酒者無恙，這說的是紹興酒有祛寒，活血，壯筋骨之功效，愛那麼一口的，聽聽吧。

紹興酒，富含氨酸是真的，在烹飪上，紹興酒易溶解與滲透，醉雞是最好的例子，紹興酒用在烹飪裡，如同催化劑，易入味成熟，東坡肉缺了它，就不對味，總結，江浙菜擅用紹興酒系列的原因，是它有著去腥，解膩，增香，提鮮，殺菌，保質，分解融化食材養分，優化食物結構，既助於消化，更有著醇香雋永的風味。

Chapter 1

/

小膳冷碟

前菜開胃、下酒皆宜

涼菜，這是一般去餐廳時先點的菜，涼菜最多樣的選擇，就是江浙小館的盆菜，因為早期這些菜在店裡，事先做好，一盆一盆的裝著，隨點隨夾，一是客人看的到菜是什麼樣，二是點完，馬上就上桌，份量不多，一個人吃也可以。你到台北中山堂旁的隆記菜館（歇業了），一個人叫份排骨菜飯，搭兩份盆菜，老闆說：這是行家，會吃。

涼菜雖然是不起眼的前菜，要做的好，一樣是需全力以赴，這次選了八道，蔗香燻素鵝，以燻為重，水晶肴肉，鎮江傳統小吃，煮、滷、凍，大葷，搭鎮江醋，一點都不膩人，絕配。梁溪脆鱔，鮮甜中帶著酥脆，下酒妙品，蘇式爆魚，飯麵皆宜，油爆蝦連殼都吞下去，來碗醬滷鴨麵，過橋。喝酒的雞翅膀就成了醉轉彎，好一口的最愛，南京人就是愛吃鴨子，鹽水鴨越嚼越香。八個菜，功法、口味皆獨特，同樣的特點就是「熱菜冷食」，這些菜要吃熱的，就成了洋盤，笑話了！

蔗燻香素鵝

以素代葷，說的好聽，明明想著葷菜，卻要吃素，玩笑一句，素菜做得像葷菜一樣，自古皆有。

江浙一帶的素雞、素鵝、素鴨，都是同一個道理，雖然是素的，但做工精細，口味亦佳，吃起來一點也不會輸給葷菜，現代人特喜歡，記得第一次到大陸，1989 年 5 月，在揚州，平山堂，吃了一桌素席，因為人少只有 5 位，所以情商做半桌就好，免得浪費。當時大陸的教授，一個月的工資 88 元人民幣，而這桌素席，就要價 45 元，菜做得非常好，刀功好，火侯也佳，口味頗有文人的氣息，淡而有味。

吃完後，拜託廟裡的負責人說，是否能參觀一下廚房，那時候的台胞很吃香，如願看了廚房，結果是，如果飯前參觀，大概這頓素齋也吃不下去了，一個字「髒」，後來了解是餐飲觀念所改，如今 30 年過去了，好太多了，當時裡面就有素燒鵝這道菜。

台灣、紹興做法各不同

蔗燻香素鵝，主題有兩個，一是燻，二是素鵝，而素鵝最主要的是那層外衣，腐皮即腐衣，腐衣是做豆腐的副產品，以前都是手工做法，這成型的腐皮，就是許多素食的包材，素火腿、素鵝、炸響鈴都是腐皮製成的。既然是素鵝，內餡就不會有葷食，有鮮筍、紅蘿蔔，這是台灣的做法，而紹興放的榨菜末、黑木耳等，調味則是本味，各家皆有不同餡料，雖然是個前菜，但做工繁瑣，除了餡料工細，做法是先蒸後燻，而燻料有糖與稻穀、甘蔗，茶葉也可以，燻的菜，急不得。

食材成本便宜，但卻可以做出好吃的東西，這才是本事，素鵝這道菜可在小炒店、素食館出現，也可在酒席上有位子，這也是粗菜細做最好的表現。

大廚
教你做

磨好的豆漿要煮沸，才能繼續加工，而豆漿溫度降到 80°C 左右，在表面就會結成一層蛋白質的薄膜，傳統的做法是用細竹一張一張的挑起，晾乾，就是腐衣，而攏成條狀烘乾就是腐竹。

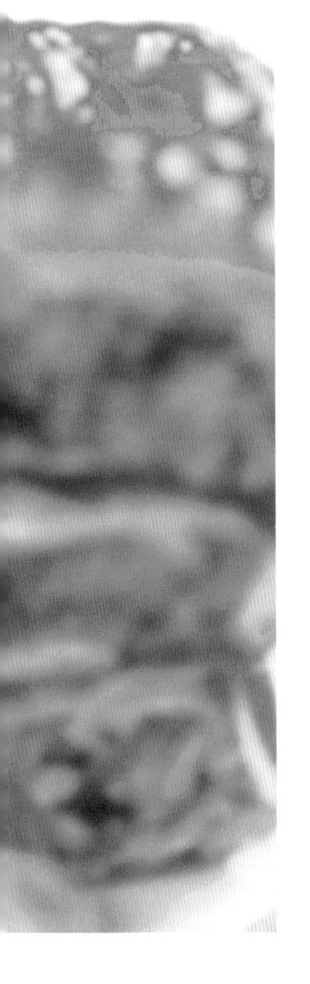

• 食材

半圓腐皮3張、紅蘿蔔300g、冬菇4朵、鮮筍300g、薑末30g

• 佐料

蠔油30g、高湯300g、糖、鹽、香油少許

• 燻料

茶葉20g、砂糖20g、錫紙1張

• 做法

1. 製作餡料：冬菇事先泡軟切細絲，鮮筍、紅蘿蔔切絲，鍋中入油，炒香薑末及冬菇，依序加入紅蘿蔔絲、筍絲拌炒，並加入鹽調味，完成餡料。
2. 蠔油、高湯、糖、鹽、香油先以大火煮開，放涼並浸入1張腐皮。
3. 取2張未泡的半圓腐皮從兩旁向內折，並以反方向排好，再將前後收口摺起成長方形，寬度必須可以放入蒸籠或電鍋，折好的大小依自己家中的蒸籠為準。
4. 取出步驟2完成的濕腐皮放在步驟3的腐皮中間，再取1/4的餡料舖在豆腐皮上。
5. 把豆腐皮摺成扁平長方形，以大火蒸3分鐘
6. 將茶葉、砂糖放上錫紙放入炒鍋中再上蒸架，再放上步驟5摺好的腐皮捲，以小火燻10分鐘關火，再等待5分鐘後取出，放涼後冷藏，即可切塊食用。

1

3

6

水晶肴肉

水晶肴肉，古時候有個很美的名稱叫做水晶冷淘膾，做的最好的是江蘇省鎮江，台灣的江、浙小館，以前都會列在菜單上，如今也少見了，鎮江的稱呼很簡單，就叫肴肉、肴蹄、凍蹄。

肴一ㄠˊ，為何叫ㄒ一ㄠ肉？製作這道菜，自古以來就用硝，硝是做火藥的原料，但可使肉爛，色澤紅艷，但吃多了，致癌，如今禁用，所以硝的處裡，就是師傅的技術了，新手上路，一不小心，就炸得像個京劇大黑臉，春秋戰國時，華佗這位神醫說：「市脯每加硝石，速其糜爛，雖曰火化，不宜頻食，恐反削胃氣。」白話就是：市面上的肉乾，都放了硝，肉易爛可防腐，色紅，但不能多吃，吃多會生病。硝字不好聽，叫久了就變成肴字，但音還是發ㄒ一ㄠ。

鎮江的肴肉好吃，是有了鎮江醋，糯米醋香而不死酸，搭嫩薑絲，解膩，這也是絕配。

盤裡放天燈棒兒，表示客人地位

肴肉肉少了，不好做更不好吃，鎮江人都會做肴肉，但都不在家做，也不在家吃，都上館子吃，當閒食，也當茶點，館子做的有老滷，而且蹄膀的量夠，做出來的肴肉才好吃，唐魯孫先生在他的回憶，到鎮江吃肴肉有規矩，還真講究，他說：「鎮江的肴肉師傅工資特別高，手工的肴肉，可製成各式各樣，一種偏瘦叫眼鏡，切出來一個肉圈一個肉圈的，好吃又好看，另一種玉帶鈎，是肴肉中有著S型的瘦肉，就像以前繫腰帶的勾子，最特殊的就是叫天燈棒兒，純瘦肉中間插上根雞骨頭。」他說曾經在鎮江當地的官員陪他吃早茶，叫了肴肉，盤裡五根天燈棒兒。

結果是，三不五時的，別桌的客人都跑過來敬茶寒暄，多到不勝其煩，原來，鎮江的規矩是，肴肉上根天燈棒，是客人有來頭的，有三根天燈棒，來客就是大人物了，結果這地方官員，可能為了巴結唐魯孫而上了五根天燈棒兒，放心啦！在台灣不會發生這樣的狀況，因為台灣的肴肉，切的不是長得像小磚塊，就是方型，至於像唐魯孫先生那樣形容的，在台灣早就失傳了！

人說：鎮江吃飯有幾怪，下麵條，煮鍋蓋，吃肴肉，不當菜。

鎮江人家裡來客，總要去酒樓吃頓肴肉早點，才有面子，否則就覺得待客不周，傳說中八仙之一的張果老倒騎驢（這是他的招牌），去瑤池赴王母娘娘的仙家蟠桃大會，於雲端路經鎮江，一股香氣直衝鼻心忍不住下的雲端，循香味到店裡，吃了肴肉，樂得連蟠桃大會都不去了，肴肉比仙桃還好吃，神話，聽聽就好。

大廚
教你做

醃漬豬前蹄時，切記容器內不可有生水。

• 食材

豬前蹄1隻（800～1000g）、花椒30g、八角30g、桂皮25g、蔥白段20g、薑片20g

• 佐料

粗鹽30g、紹興酒適量、硝鹽適量、香醋適量

• 工具

紗布袋2個、竹墊1個、大空盒（長40釐米、寬30釐米、高4釐米）1個、
小空盒（較大空盒略小，可放入大空盒中即可）1個

- 做法

1. 將豬前蹄刮洗乾淨，用刀剖開，不能剖偏，剔去骨，皮朝下放在砧板上，分別用竹籤在瘦肉上戳一些孔，然後均勻地抹上硝鹽。
2. 八角20g、桂皮10g、花椒15g均拍碎並一起炒香，待揉勻搓透後，連同抹好硝鹽的豬前蹄一起平放進一個盆內醃漬約3天。
3. 將醃漬好的豬蹄膀放入清水中浸泡約3小時，然後撈出，刮去肉皮上的汙物，再用溫水漂洗乾淨。
4. 八角10g、桂皮15g、花椒15g裝入一紗布袋內，薑片、蔥白段裝入另一紗布袋中，分別把袋口紮緊。
5. 取一大湯鍋加入清水，約占大湯鍋容量的60%，加入適量粗鹽，用旺火燒沸，撇去浮沫。然後在鍋底放一隻竹墊，再將蹄膀皮朝上逐層疊放，最上面的一層皮朝下，放好燒沸後再撇去浮沫，放入香料袋和蔥薑袋，倒入紹興酒。
6. 蓋上鍋蓋，改小火煮約2小時，保持湯水微沸，將蹄膀上下翻轉，使蹄膀皮全部朝上，再煮約2個半小時，至蹄膀九成酥爛時撈出。
7. 將蹄膀皮朝下放入長40釐米、寬30釐米、高4釐米的平盒內，上面再壓一隻空盒將肉定型，30分鐘後拿下空盒，舀入原先滷煮蹄膀的原湯並蓋過肉，放到陰涼處冷卻「凝凍」，時間約2小時。
8. 切片後，依個人口味沾香醋食用，即成。

TIPS 在鍋中放入竹墊或是筷子，可防止鍋子燒焦。

硝鹽　　豬前蹄

梁溪脆鱔

江蘇無錫古稱梁溪，梁溪脆鱔，即無錫脆鱔，既然是無錫菜，偏甜，脆鱔，成品就要脆。

4000 年前夏朝《山海經》中的＜北山經＞曾云：「諸毗之水，其中多滑魚，其狀如鱓，赤背。」後人郭璞注：「鱓魚，似蛇」這即是民間所講的鱔魚，蘇北地區也叫長魚。

鱔魚就像青蛙一樣，兩棲，可水陸呼吸，台灣的鱔魚一直很貴，1989 年第一次到大陸探親去了，南京、鎮江、揚州、蘇州等地，幾乎餐餐吃鱔魚，太便宜了，都是現殺、現燒、現吃，死鱔與大閘蟹一樣，吃了會中毒。到了 5 月，陪岳父回老家鎮江，家後面就是田，種有水稻，還有蠶豆，太太的堂弟，在家裡找了根粗鐵絲，前端彎成勾狀，勾上蚯蚓說：「我們去抓鱔魚去」。

走到屋後的田埂上，沿著田間的邊上小溝，只見堂弟拿著那勾子，在一個洞口幌一幌，一抽出就是一條鱔魚，一條溝沒走完，就勾了十幾條黃鱔，每條約 50 ～ 60 公分長，1.5 公分寬，在當時大陸還少用農藥（農藥太貴，買不起），田裡沒有汙染，5 月底蠶豆剛成熟，中午吃的是剛摘的新鮮蠶豆炒

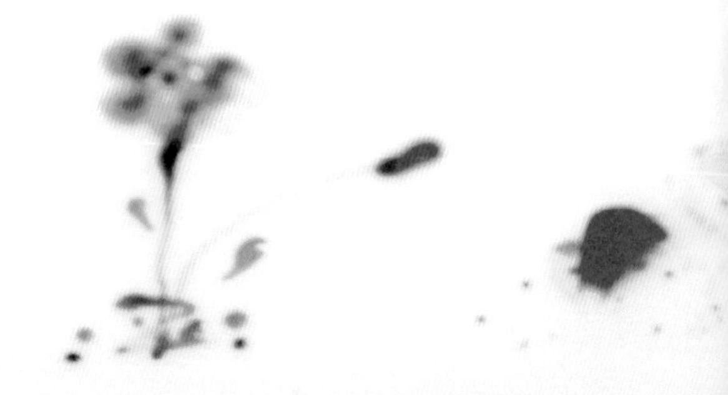

蛋，鱔魚現殺，去骨、黏液，馬上燒，好吃極了，至今 30 年，再也沒有嘗到這樣的味道了。

養鱔魚的缸中，必放入泥鰍

鱔魚現今可以養殖，以前店家購買大量的鱔魚回來，養在大水缸中，一定放幾條泥鰍共養，鱔魚喜歡睡覺，太多了會壓死同缸的鱔魚，而泥鰍是不停的亂鑽，攪得鱔魚無法睡覺，也就不會壓死了，脆鱔是，不皮不軟，脆的，炸得好不好，就在師傅的功力了。

如今大概 60 歲以上的師傅才會殺鱔魚，現在都是供應商殺好、燙過，熟的送到店裡，這樣才能保存，但怎能與現殺的比呢？市場殺鱔魚，又快又準，一塊長木板，鱔魚往上一放，釘住頭，薄刀片滑開，取骨，完成，就是這樣的程序，大概沒有店家的師傅願意學了。

酥脆焦香，鹹甜適口，這是唐魯孫先生形容在揚州茶館吃到的脆鱔，吃不完的脆鱔，還可以與乾絲合拌，成了另一種風味，如今台灣，快吃不到脆鱔了，吃到的，也是除了甜得膩人，就沒有其它味了。

大廚
教你做

在油炸鱔魚時，可以用筷子適度撥開鱔魚，避免油炸過程中造成沾黏。

- **食材**

鱔魚300g

- **佐料**

糖2匙、醬油2匙、酒1匙、老抽1匙、芝麻粒少許、胡椒粉少許、薑絲少許

- **做法**

1. 將鱔魚自背部剖開，去骨、刺，切成2寸長後，全部用滾水汆燙1分鐘並加入少許胡椒粉，撈出後擦乾水分。
2. 淋下酒拌勻，即用熱油炸約3分鐘，等到鱔魚一根根都呈扭曲狀並浮上油鍋，便可撈出。
3. 用2匙油炒煮綜合調味料，煮至有少許粘性時，熄火，放下鱔魚，並灑下芝麻粒與胡椒粉拌勻即可裝碟（碟邊可放薑絲搭配）。

蘇式爆魚（杭州燻魚）

蘇州爆魚，杭州叫燻魚，作法差不多，基本上都不燻了，江南俗語說：「花鰱頭，青魚尾，草魚肚檔，鯽魚背」說的是這四種淡水魚最好吃的部位。

在江南一帶，不近沿海的城市都是以淡水魚為主，而淡水魚中，草魚用的是最多，草魚是細長型，以往除了西湖醋魚是用全魚，通常店家都是分段處理，燒下巴，就是魚頭，尾部就是划水，也叫甩水，而中段叫肚檔，做燻魚的部位，就是用中段肚檔，用肚檔是因為這個部位刺較少。在蘇州人平常的家常菜裡，做爆魚，不會只做一頓的量，特別是過年期間，一做就是一大盆，放涼，客人來，隨時都可加個菜，爆魚是熱菜冷食，剛做好，並不好吃，放涼後，味道、口感更佳。

冷菜卻熱吃，全因台灣飲食習慣不同

前兩個月，家裡附近新開張了一家江浙菜的小館，賣很多盆菜，都是冷食，但桌上特別立個牌子，蘇式燻魚，現點現做，是熱炒，很好奇，點了一份來吃，不一會兒上菜了，兩大塊燻魚，真的是「熱」的上桌，我放涼了一會再吃，吃了一塊，另一塊帶回家放在冰箱，隔天才吃。後來問了老闆：「你的燻魚做得很好，但怎麼會是出熱的呢？」他苦笑的回說：「客人要吃熱的。」然後過了幾天又去店裡吃飯，燻魚做好「涼的」與其它盆菜放一起賣，我就拿了一份吃，又過了一周，再去店裡吃飯，燻魚又不見了，冷的賣不掉，只好又變成熱炒了，這是典型的現代人

吃法，店家很無奈，做了正宗又傳統的吃法，顧客不懂吃，賣不出去，只好做成一般無知客人的需求，最後這個菜也就消失了。

鯇ㄏㄨㄢˋ魚，俗名草魚，草魚在淡水魚中，就好像豬肉在家常菜裡的普級，草魚長大了就叫青魚，這是大陸的叫法，在台灣青魚是叫烏鰡。然而，青魚與草魚是不同的魚種，用青魚做燻魚那是更高一檔，魚大，肚檔的肉更多，魚刺也沒有那麼細小難吃。30 ～ 40 年前的江浙小館，在館子內都有燒下巴，即魚頭，或是燒划水，就是草魚尾巴，加起來就叫燒頭尾，懂吃就會點，如今只剩下燒下巴了，有的時候還缺貨，以前江浙小館都是叫整條的草魚回來賣，如今卻是只賣魚頭，肚檔、划水不見蹤跡了。

大廚
教你做

上桌前可在成品上斟酌灑上一些芝麻粒，增加視覺效果與風味。

• 食材

草魚中段（約600g）、老抽100g

• 佐料

紹興酒50g、鎮江醋30g、蔥段100g、薑1～2片、胡椒粉少許、鹽少許

• 醬汁

蔥1～2根、薑1～2片、八角2粒、乾辣椒3～4粒、五香粉1/2茶匙、紹興酒1湯匙、老抽2湯匙、糖1湯匙、鹽1/2茶匙

做法

1. 取草魚身上骨刺較少的中間段，切成約2cm厚的長條。
2. 加入紹興酒50g、老抽100g、蔥100g、薑1 ～ 2片和少許胡椒粉並拌勻，之後加入少許鹽再次拌勻，靜置醃漬約15分。
3. 製作燻魚醬汁：將1 ～ 2根的蔥切成段，在鍋內加入適量油，加入蔥及薑片以高火炒香，之後放入乾辣椒及八角繼續翻炒，接著倒入紹興酒1湯匙及適量水，再倒入老抽2湯匙、五香粉、糖和鹽攪拌均勻，煮滾，起鍋備用。
4. 在鍋內以高火加熱沙拉油，放入步驟2醃漬好的魚條，炸至外表呈金棕色。
5. 將炸好的魚條放入之前步驟3煮好的燻魚醬汁內完全浸沒，浸泡約10分鐘。
6. 之後立即取出放涼，即成。

草魚中段

油爆蝦

唐代有道菜叫「光明炙蝦」，現代的江浙館有道家常菜叫「油爆蝦」，蝦經過油爆後，殼薄透明，光亮滑潤，也許就是唐朝的光明炙蝦。

在大陸江浙一帶都有油爆蝦，蘇州、杭州更是菜單必備，在台灣的油爆蝦，用的是沙蝦、白蝦、泰國蝦，沒有江蝦、湖蝦、塘蝦……江南各地水塘的蝦，蝦種不一樣，吃起來口感更不一樣。大陸剛開放時，餐餐吃蝦與蝦仁，好吃的不得了，價位更是親民，味道只能用兩個字形容──鮮甜，一點都不腥氣。

季節對的時候，蝦子有卵，還可吃一道「三蝦豆腐」，以蝦腦、蝦卵、蝦仁燒豆腐，這是木瀆石家飯店的招牌菜，用想的就可知道有多鮮，也有多貴了，第一次到蘇州松鶴樓，點這個菜，是 1989 年 5 月與岳父同遊蘇州，沒吃到，季節不對，直到隔年，才一嘗宿願，現在可能吃不起了。

做法簡單，關鍵在要有好蝦

油爆蝦是很簡單的家常菜，但沒有好蝦，就做不了，大陸的江蝦、湖蝦，皮薄、鮮甜肉多。油爆，就是油要多，火侯就特別講究，炸兩次，第一次先炸幾秒，速撈起，待油溫上來，再速炸至殼肉略為分離，即撈起，但現在的師傅都是只炸一次就調味起鍋，吃的是本味，但糖要比鹽多一些，再以極少量的醬油調色，提味。

1989 年 5 月第一次回大陸，拜訪揚州的商業大學，這學校是 1982 年中國第一個在大專院校設置了烹飪系，在當時全中國的烹飪界，有號稱八大金剛，這間學校就有三位，陶文台、聶鳳喬、邱龐同教授，學校安排的第一餐接待裡的菜，就有油爆蝦，主人是學校的書記（一把手，校長排第二），當時書記吃油爆蝦，是吃一隻，擺一隻。細看一下，每隻吃過的蝦殼就像沒吃過的一樣，排列整齊，而我卻是連殼帶肉的囫圇吞了，好奇的問了書記，回說：「沒別的技巧，『多吃』」後來才知道並不是書記會吃，而是廚師火侯、技巧，客人才能吃出原隻原樣，在台灣看你吃得出來嗎？

大廚
教你做

油爆，意指用大火油炸，同時加水進油鍋，是這道菜的關鍵步驟。

• 食材

蝦300g（河蝦、溪蝦、白蝦皆可）、薑30g、大蒜20g、蔥30g

• 佐料

米酒50g、鹽適量、糖適量、生抽少許

• 做法

1. 將蝦剪鬚，洗乾淨，稍微瀝乾水分。
2. 把薑、大蒜切成末，蔥切成蔥花，備用。
3. 起油鍋，油要稍微多點，以大火油炸蝦子，並加水入油鍋，炸好取出備用。
4. 另起一鍋，放入薑末、蒜末煸炒出香味後，再倒入蝦子繼續煸炒，放入米酒、鹽、糖，再放少許生抽調味，然後小火慢慢煨一會。
5. 等湯汁完全進入蝦裡時，以大火收乾，撒上蔥花即可。

TIPS **步驟3的糖建議要比鹽多一點，方能讓成品味道更好。**

1

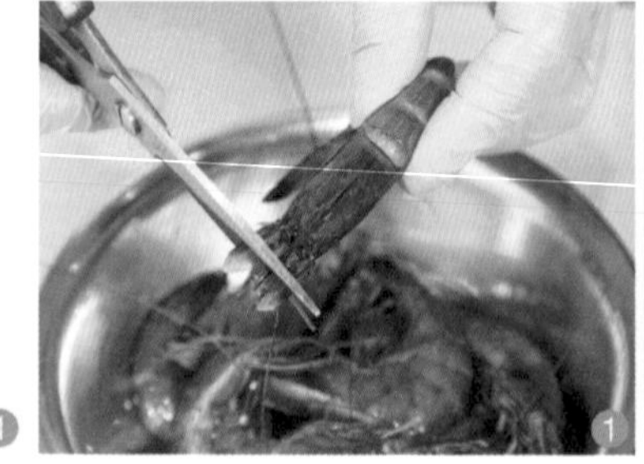
1

4

姑蘇醬滷鴨

月落烏啼霜滿天，江楓漁火對愁眠。

姑蘇城外寒山寺，夜半鐘聲到客船。

姑蘇指的就是蘇州，用醬滷鴨，是因為「醬滷」各地的叫法不是分得很清楚，而杭州的醬滷也是不一樣，蘇州的滷鴨麵，是特定的夏季才推出，而且是白滷，不上色，醬鴨則是常年都有，紅米上的色，紅通通、肥肥嫩嫩的，杭州的醬鴨，是鹹鮮味，風吹過，肉較硬，宜酒，蘇州醬鴨則宜麵，可做前菜。

蘇杭是水鄉澤國，鴨子是散養的（台灣宜蘭也是這樣的），不用餵食，白天鴨子下河找魚、蝦吃，晚上回岸上生蛋，養的普及，鴨種也好，因而鴨子在江浙一帶是常用的食材，自古食用，明朝時，趕到北京的鴨子，回不來了，就成了烤鴨，一路紅到現在，紅到全世界。

酒一弄錯，味道便不對了

前幾次僑委會有個專案是，輔導北美地區華僑所開的台灣餐廳，結果台灣菜實在不正宗，倒是幾乎每家餐廳都賣烤鴨，從紐約吃到德州，原來老美喜歡吃烤鴨，也只認識烤鴨，於是烤鴨成了台灣菜了，更有趣的是，烤鴨都是堂做，即現片現吃，片鴨幾乎都是中國人、台灣人或南美洲人出來片鴨，有一家在克里夫蘭的餐廳，也是現片烤鴨，結果出來個時髦新潮的洋妞服務生，推著鴨子，到我們桌前，開始片鴨，猛一看，架勢十足，刀起刀落擺盤，再一看，簡直是亂片一通，肥、瘦、皮都分不清楚，想想，真難為她了，只是個大學的工讀生。

離題了，回到醬滷鴨上，在大陸一般用的都是全鴨，鴨胸、鴨腿都可能吃到，而這回徐師傅用的是鴨胸淨肉，在滷前，全鴨都會汆燙過，而徐師傅是先將鴨胸肉煎過略為焦黃，再滷，這樣既可去腥，亦可將肉的甜味與肉汁留住。在蘇杭菜裡與別的菜系，較為不同的是酒的使用，不是米酒，也不是一般料酒，更不用高濃度的白酒，用的都是黃酒的系列，紹興花雕、女兒紅，黃酒等，老師傅認為，酒用錯了，就不是那個味了。

蘇州的、杭州的、北方的，是醬還是滷？下回上館子時，可以問問店家，這是哪裡的做法？別忘了，300 年前袁枚就說過：「吃者隨便，廚師偷安」顧客要懂得吃，廚師才不敢呼弄你。

大廚
教你做

滷過鴨子的滷汁可以放入冰箱凍成塊，下次再拿出來用。

- **食材**

鴨胸肉6塊、薑200g、蔥1支

- **佐料**

冰糖20g、米酒100g、醬油100g

- **滷包（2包）**

八角3粒、桂皮1塊、草果1粒、月桂葉6片、花椒20g、小茴香20g、甘草片6片

- **做法**

1. 鴨胸肉清洗乾淨後放入冷水鍋中，以小火煮出血沫後，撈出瀝乾並水分。
2. 平底鍋內放入鴨胸肉，鴨胸肉皮朝鍋底，以小火煎至皮略呈金黃色並出油，取出備用。
3. 把米酒倒入鍋內，然後放入薑、蔥以及滷包，倒入清水，略熬煮出香味後，加入醬油調味，再放入煎好的鴨胸，蓋上蓋子燜20分鐘。
4. 待熟成後取出鴨胸，剩餘滷汁再放入冰糖熬燉半小時，熄火撈出放涼後，再放入滷過的鴨胸浸泡約10-15分鐘。
5. 切盤即可食用。

冰糖如果放太早的話容易產生酸味，所以建議稍晚一點放入。

滷包材料

這道菜的關鍵在於滷包的味道，以下材料均可於中藥行、雜貨行購得。

醉轉彎

「轉彎」就是雞翅膀，叫雞翅、雞翼，不好聽，叫成轉彎，就有趣多了。

浙江紹興，也是紹興酒的產地，當地有個傳說：有一農家，父母早逝，有三個兒子，老大、老二娶的都是富家女，帶著滿滿的嫁妝而來，而三兒子的媳婦只有一雙賢慧的巧手，老大、老二的媳婦憑著嫁妝的豐盛，爭相欲當家理財，而三媳婦雖然巧手、賢慧但家貧，被二位嫂嫂瞧不起，時間長了，妯娌之間就越來越不合，三兄弟也不勝其煩，商量之後，決定，叫三個媳婦做一道雞的菜，但不許用油，也沒有輔料，看誰烹調的最好吃，就由誰來當家理財，第一天大媳婦燒了一鍋雞湯，三兄弟品嘗後，無特殊之處，第二天二媳婦做了個白斬雞，味道一般，到了第三天，三媳婦捧了個大蓋碗出來，一掀，一股酒香四溢，清爽而香氣撲鼻，三兄弟迫不及待的品嚐了，鮮嫩，鹹香適中，酒香更是帶著肉香，充滿整個口腔內，於是一道留傳至今的江、浙名菜，醉雞就誕生，當然最後是三媳婦當家了。

雞是最家常的菜，而紹興酒更是當地的特產，巧媳婦也只不過是用了現代最常講，在地食材的創新了。

先有醉雞，才有醉轉彎

有了醉雞，才有今天這道「醉轉彎」，與醉雞的做法一樣，只是用雞翅，醉類的菜，都是事先預製的冷菜，至少要前一天做，第二天才能入味，而醉菜也是中國特殊的冷菜，外國人都非常喜歡，醉類的菜，現做現吃的，只吃過一次是醉蝦，也可叫滿檯飛，1989 年在揚州吃的，用的是江蝦，不太大，裝在透明的玻璃盅，只見盅內的蝦，活蹦亂跳，但不一會兒，都慢慢的醉了，吃到口裡，除了酒味，就是蝦的鮮甜味，無須任何蘸料，現再也吃不到了，因為水源汙染太嚴重，沒人敢吃。

在蘇州、杭州、上海這一帶，沒人吃鯉魚，但是在蘇州卻有一道菜是別的地方沒見過的「醉鯉片」，這是在蘇州的臘肉店賣的，冬天醃、夏天賣，以醉的烹調手法，做成厚的醉魚片。之前聽說有這個菜，一直沒吃到，直到前幾年去蘇州出差，在一個非常熱鬧的在地蘇幫菜的餐館裡吃到，但絕對不是鯉魚片，應該是草魚，還是青魚做的？問店家，卻不肯說是哪種魚，這是唯一一次吃到的醉魚，有著酒香，很清爽，一點腥味都沒有，魚的厚度、鹹淡適中，好吃！

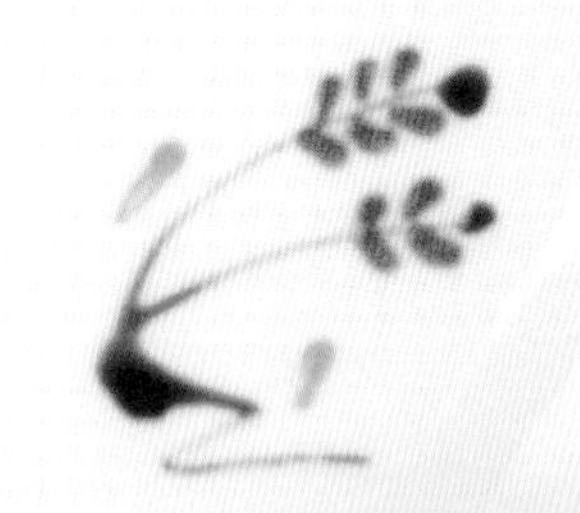

用醉雞的方式來做這道菜，香氣滿溢且令人食指大動！

• 食材

雞翅膀20支、薑片20g、蔥段50g、米酒100g、蔥50g、薑50g、黃豆芽30g

• 佐料

香葉10g、桂皮10g、八角10g、冰糖30g、花雕酒200g、魚露100g

• 工具

保鮮膜1張

• 做法

1. 將黃豆芽汆燙，取出備用。
2. 鍋中燒水，放入雞翅膀，加薑片、蔥段和米酒，以大火滾5分鐘後，熄火焖10分鐘至無血水，撈出浸入冰水，冷卻。
3. 取適量雞湯並撇浮油，放蔥、薑、香葉、桂皮、八角、冰糖燒開小火煮15分鐘，晾涼後撈出調料，將花雕酒和魚露以2：1的比例調合後加入鍋中。
4. 把步驟 1 完成的雞翅膀放入砂鍋中，倒入調好的汁，保鮮膜封口，在冰箱冷藏1天後即可食用。

金陵鹽水鴨

趕鴨子上架，勉為其難，鴨又稱減腳鵝，古稱鶩，亦名舒，減腳鵝的外號取得好，鴨總像是小一號的鵝，在粵菜的燒鵝，常常是鴨子冒充的。

3000 年前的商朝，鴨就已經是馴化的家禽，明末清初，戲曲家李漁在他的著作《閒情偶寄》中記載：「諸禽尚嫩，唯鴨尚老，諸禽尚雌，唯鴨尚雄。故云：爛煮老雄鴨，功效比參蓍。」這才會有老鴨煲，而不是嫩鴨煲，鴨肉補虛除熱，利水道，解丹毒，止熱疾，所以在夏天，來碗老鴨湯，是合中醫理論，並不是只有在冬天，才能吃薑母鴨進補。

宋代即有金陵鴨饌甲天下，金陵就是今天的南京，到了南京的餐館，第一個希望上的就是鹽水鴨，白淨，肥嫩又不油，明朝初年時，金陵桂花鴨，就是金陵鹽水鴨，會用這個名字是，秋天鴨子肥了，桂花開了，而鹽水鴨要用肥鴨，鴨不肥，做好的鹽水鴨，瘦巴巴的，沒啥吃頭，而且肉較乾澀，沒有肉汁。

做法流程有講究，各地皆不同

不是只有南京才有鹽水鴨，也有台式的、粵式的，南京的鹽水鴨，歷史久，名氣大，能好吃，是做工繁複，一般在家的量少，是做不出好吃的鴨子，南京的做法，要先炒，五香粉、花椒粉、精鹽，將熱椒鹽，灌入鴨坯內，然後熱椒鹽，擦遍全身，放在缸內靜置，取出

後放置滷缸內浸漬，後取出曬乾成坯。

這才要開始煮，清水、蔥、薑、辛香大料等，不能煮久，但需反覆煮4～5次，才能大功告成。涼後才能切塊上桌，鴨肥肉厚，不柴有汁，吃的過癮，而帶骨之處，越啃越香，記得去南京玩時，別忘了帶包真空包的鹽水鴨，開了封就可以食用，與在南京吃的一樣香，不是豬肉，所以沒關係。

在台中一心市場，有位老廣賣的滷味，已是第二代要傳到第三代了，他做的鹽水滷鴨，非常好吃，不輸屏東的侯家鹽水鴨，更不輸給南京的鹽水鴨，每次去買他家的鹽水鴨，都會多要兩包滷汁。他的鹽水鴨已經很夠味了，無需淋滷汁，將他的滷汁拿來蒸蛋用的，四個雞蛋，加點高湯，兌點水、滷汁，打勻，蒸出來就是碗香噴噴的鴨滷蒸蛋，比烤鴨的一鴨三吃的鴨油蒸蛋，強多了。

在台灣最為普遍的鵝肉擔，鹹水煮鵝肉，就是最簡單的做法，也是最好吃的鵝肉，沒有別的添加，鹹水煮一煮，略為放涼，剁一剁，附上一碟自調的醬料（以台灣特有的油膏為基底）、嫩薑絲，用煮鵝的高湯，丟一把粉絲，就是一頓地道台灣味。狠心，再切一盤下水，有心、肝、胗，有一回請一些國際評審吃消夜，有位歐洲評審，他說：「你們鵝肝是這樣，大塊大塊吃的，太奢侈了吧？」前幾年雲林養殖鵝的基地，出現禽流感，鵝都撲殺光了，到了豐原的小林鵝肉，叫了盤他的招牌，去骨鵝肉，待吃完後，他才告訴我，吃的是減腳鵝，鴨肉啦！

大廚
教你做

用清水浸泡鴨子是去腥的關鍵步驟之一，因為鴨肉有腥味主要是血水的腥味，泡去大部分血水後腥味自然就淡了。

- **食材**

麻鴨1隻（約2.5kg）、蔥段300g、薑片300g、八角30g、香葉10g、草果5粒、桂皮20g、花椒50g

- **醃料**

花椒100g、白胡椒碎50g、粗鹽300g

- **佐料**

鹽適量

- **工具**

保鮮膜

• 做法

1. 把鴨身開小洞（手可伸入的大小），伸手將內臟掏出，留著鴨屁股，放入清水中浸泡至無血水，浸泡期間可多換幾次清水，天熱時要用冰水浸泡，並撈出泡好的鴨子掛起來瀝乾。
2. 製作醃料：取粗鹽和花椒、白胡椒碎，直接用鐵鍋乾炒，用中火炒至鹽微黃，提出花椒、胡椒香味。
3. 把步驟3炒好的熱鹽均勻地撒在鴨身內外，並用手多揉搓幾遍。然後包上保鮮膜冷藏醃漬12小時左右。
4. 取出醃好的鴨子準備入鍋滷，在入鍋之前要燒點開水，把開水澆在鴨皮上燙一下，要儘量燙得均勻一致。
5. 鴨子燙好以後，取蔥段、薑片、八角塞入鴨腹內，放入滷鍋，加香葉、草果、桂皮、鹽和水，先用中火燒開，再轉小火10分鐘即可停火，注意不要超過10分鐘。
6. 停火後不要打開鍋蓋，直接燜至湯溫時，用筷子戳鴨腿，沒有血水流出即可撈出，如果有血水再繼續燜至湯涼後撈出，效果最好。
7. 冷藏後即可食用。

TIPS

1.步驟5的水可用上次滷鴨剩下的滷汁代替，味道將會更好。

2.用開水燙鴨皮是為了讓鴨皮更白，最終達到皮白、肉紅的成菜效果，這是南京鹽水鴨的成品標準。另外，燙皮的同時也會沖去醃出的血水，滷出的湯就會更清，湯清，鴨皮才會更白，湯渾則鴨皮變黃。

粗鹽

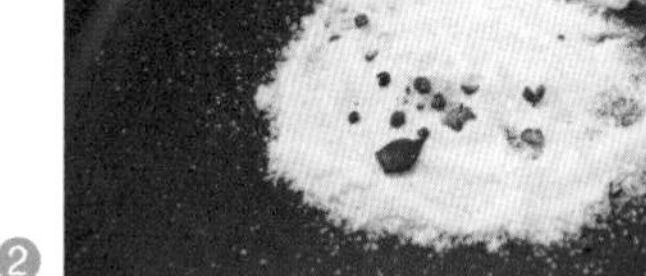

❷

Chapter 2

/

熱菜

炒、燒、燉、烤、蒸

熱菜，有炒、燉、烤、蒸煮，這是基本烹調技法，龍井河蝦仁是炒出來的，但你要會將蝦仁滑油，西湖醋魚要蒸要煮皆可，火侯最重要，是醋魚不是糖醋魚喔。富貴叫化雞，層層包裹就要烤，好的土雞一樣要醃入味，杭州東坡肉，又是滷燒，又是蒸。酒香炙骨頭，不但燒，而且要用炙（明火），春天的季節，春筍就是迷人，最便宜的綠豆芽，連颱風過後都不漲價，但掐頭去尾，身價三級跳，成了銀芽。

素食者最愛油麵筋，油麵筋塞肉，就成了葷素皆宜的無錫特色小吃，新鮮豌豆，手工剝的甜豆，無論是炒雞絲或蝦仁，主角還是那豌豆，中華絨螯蟹，大家習慣叫大閘蟹，有了蘇州的蝦子醬油，還要加上鎮江醋，天下第一鮮。紅豆腐乳，南乳燒肉，連下三碗白米飯，松鼠黃魚，造型要像，澆汁時要吱叫一聲，才是那個味。新鮮黃魚不吃，吃黃魚乾，來個鯗燒肉，海陸雙鮮箸難停，蘇杭菜，味道單純，吃起來就是一股濃濃的書香味。

龍井河蝦仁

龍井河蝦仁，聽這菜名，一定是龍井茶、河蝦仁，龍井茶不難找到，但河蝦仁呢？台灣的河蝦仁，只有過山蝦、溪蝦，不是大得嚇人，就是少得可憐，那要吃河蝦仁，從哪邊來呢？是新鮮的，還是冷凍的？

台灣有很多餐廳冰鮮的沙蝦仁、劍蝦來替代，但都是那個味，更不用講，兌藥水發，凍得跟磚頭一樣的蝦仁，解凍一炒，蝦仁可真是彈牙阿！想不通，為何有那麼多人用彈牙來形容蝦仁，新鮮，不用藥發的蝦仁，是鮮甜、有口感，帶一點點脆度，怎會彈牙呢？

大概在 30 ～ 40 年前的江浙小館，都會在一上班時，外場就是剝蝦仁，當天送來的蝦，剝出的蝦仁，當天就用掉了，不隔夜，現在江浙一帶的大型餐館是有專人剝蝦仁，他們不叫剝，叫擠蝦仁，一擠一個，非常俐落，還是當天用完，那冰過隔夜的蝦仁，吃貨是不買帳的。

非龍井不可，換別的茶葉就糟蹋了

1989 年的 10 月，天安門事件剛過沒多久，去了一趟雞血石的產地，昌化縣，到了當地，人們說封礦了，早已不准開採了，還派了部隊，駐守在礦區，隔天回到杭州，當時的西湖遊人尚不多，而因為天安門事件，幾乎不見外國人，租了個單車遊西湖，悠悠哉哉的，非常舒服，10 月的西湖，風和日麗，氣溫宜人，現在呢？不管什麼時候去西湖，一不小心就被擠到西湖裡了。

當時逛著逛著，有個小姑娘一直跟著，要賣我龍井茶，我怕她騙我，沒搭理她，她一直從斷橋跟到蘇堤，跟了大半個西湖，最後她跟我說，如果我怕她騙，可以跟她一起去龍井家裡看看，不買沒關係。這就心動了，放下單車，和她一起坐公車，沿著西湖靈隱寺，一路到了終站，就是龍井，她家就是龍井的茶農，龍井的地勢很像鹿谷，所以出好茶，在她家旁邊的小館，她陪我吃午飯，也就是現在說的農家樂，叫了兩個菜，一個紅燒肉，另一道菜，就是龍井蝦仁，蝦仁鮮，也炒得好，用的是當地的龍井，鮮甜清爽，好吃。後來去小姑娘家裡買了一斤，她說是貢品的龍井，清明時摘製的，一芽一葉，陪了我一個上午，不好意思，就買了一斤（500g），200 元人民幣，她說一年只製作五斤，四斤上繳，只有一斤了，當時的物價是一位教授一個月的薪資，88 元人民幣，回家後泡來喝，實在是不怎麼樣。

最早記載「龍井蝦仁」這菜名是 1930 年左右，常熟的菜館，而最常說這一道菜的創始店是天外天，也是合理的，杭州有三個名店，樓外樓在西湖邊，如今是杭州菜的龍頭代表，另一家叫山外山，再來就是天外天，而天外天就是在龍井產茶區的當地。

雖然龍井蝦仁，主題是龍井茶與蝦仁，吃，還是以蝦仁為主，龍井茶湯，不能多，茶葉更是畫龍點睛的搭配，就只能用龍井的嫩葉，換成台灣的烏龍茶葉，則糟蹋了蝦仁。

告訴各位一個商業上的祕密，現在台灣江浙館的清炒蝦仁，只要強調的是河蝦仁，大都是大陸進口的冷凍蝦仁，台灣是沒有河蝦仁，吃不吃，隨你！

台灣較難找到河蝦，可以用海水的蘆蝦仁替代。

• 食材

河蝦200g、龍井茶葉5g、蔥末適量

• 佐料

蛋白2粒、鹽80g、太白粉80g、紹興酒適量

• 做法

1. 選用河蝦擠成蝦仁，漂洗乾淨，去泥腸備用。
2. 用蛋白、鹽、太白粉將蝦仁醃漬。
3. 將龍井茶葉以熱水泡開，並留約10g的茶湯，剩餘茶湯可倒出。
4. 炒鍋以旺火熱油，蝦仁過油後再瀝去油。
5. 用蔥末熗鍋後倒入蝦仁，再倒入紹興酒烹煮，再倒入茶葉及茶湯，輕輕翻動，即成。

1

2

4

西湖醋魚

杭州西湖的特色菜，鯇（ㄏㄨㄢˋ）魚，就是俗稱的草魚，在淡水魚中最為普及，頭、尾、中段皆好用，傳統的醋魚，用的是全魚，但都不太大，魚體為修長型，不像鯉魚有個大肚子。

以前西湖旁的樓外樓，將撈起的活草魚，放養兩三天不餵食，草魚會吐泥沙，客人點這道菜時，現殺現做現吃，樓外樓的師傅早年的做法是，魚殺好，用開水燙，燙到魚熟，再炒醬汁，用植物油，爆香蔥、薑末，加入魚湯，少許的鹽與醬油，主要是醋與糖的比例，醋要多些，糖只是提味用，如果糖多了，就成了糖醋魚，而不是醋魚了。

宋朝時，西湖邊住了宋家兄弟，當地惡霸趙大官人，見宋大嫂姿色動人，便謀害了宋大哥，更欲加害小叔，宋大嫂叫小叔逃往外地求生，行前特意用醋糖做了條魚，為他餞行，叫他：苦甜，勿忘百姓辛酸之處，後來小叔苦讀，考取了功名，在一次偶然的宴會上吃到了酸甜味特製的魚，因而找到了隱名埋姓的大嫂，後人將此魚的做法流傳下來，成就了西湖醋魚的美名，也才有「叔嫂珍傳」的別名。

現在的醋魚都不用燙，是用煮的，注重是火侯，不能煮過頭，而芡汁的製作更重要，味道輕了壓不住魚腥味，而調味重則蓋住魚鮮味，所勾的芡汁有個很美的名稱，叫「玻璃芡」。

台灣難見正宗的鎮江醋

第一次在杭州樓外樓吃飯，大概是 30 年前，那是帶著父母與姐姐一起去遊江南，杭州是重點，也去了千島湖，當時千島湖台灣人還不知道，千島湖事件，也尚未發生，從千島湖回西湖的晚餐，就在樓外樓，只記得三道菜，一道是東坡肉，以宜興的最小號紫砂鍋出的，一人一盅，並未綁繩子，但肉色佳，口感更是滑嫩不膩；第二道是豆苗蝦仁，堆的像作小山的蝦仁，頂端一珠豆苗，美極了，附著鎮江醋出，清甜的蝦仁，蘸醋，絕配，第三道是西湖醋魚，酸中帶點微甜，隨著醋魚出的是白胡椒粉，問了，才知道正宗的吃法，是加白胡椒粉，而要純的胡椒粉，最好是白大川的品種，先吃了原味，再灑了白胡椒粉，不同的滋味，覺得更加提出了醋與魚的鮮香味，後來再也沒吃到這麼好吃的醋魚，在台灣都是糖醋魚，糖蓋過了醋味。

鎮江醋

大陸的吃貨出了一本書叫《點菜的門道》，在杭州菜這一篇的西湖醋魚裡說到：「清朝袁枚的隨園食單裡有道『醋摟魚』就是西湖醋魚。」

先炸再燒，這是最早西湖醋魚的做法，西湖醋魚是北菜南烹，源自河南瓦塊魚的做法，從北宋到南宋，從汴京到臨安，做法也從炸、蒸到以沸水氽之。

梁實秋在他的《雅舍談吃》裡說：他在西湖吃的醋魚，汁不多，也不濃，不能有油，可加點醬油，主要就是醋與薑末，一點糖都不放，他說：這才是正宗的西湖醋魚，台灣的師傅，你們覺得呢？

大廚教你做 醋魚上桌後，再將煮好的醬汁淋在魚身，即可大快朵頤。

• 食材

草魚1條（900克）、薑300g、青蔥2條、米酒1茶匙

• 佐料

綿糖3大匙、鎮江醋2大匙、醬油2大匙、胡椒粉、生粉、香油各適量

• 做法

1. 將蔥洗淨切段分成2份。薑半份拍裂，半份切絲。
2. 將草魚剖淨，由魚肚剖為2片，放進鍋中，注滿清水，加蔥1份、拍裂的薑、米酒，煮滾後，用小火燜10分鐘，撈起盛入碟中，將薑絲細鋪魚身。
3. 燒熱油鍋，放入剩餘的蔥進行爆香，再把蔥夾出，將蔥油倒入碗中。
4. 清水入鍋中，加糖、鹽、鎮江醋、醬油、胡椒粉料煮滾，用生粉加水勾芡，再注入蔥油，盛起淋在步驟2完成的魚身上，最後灑上香油即可。

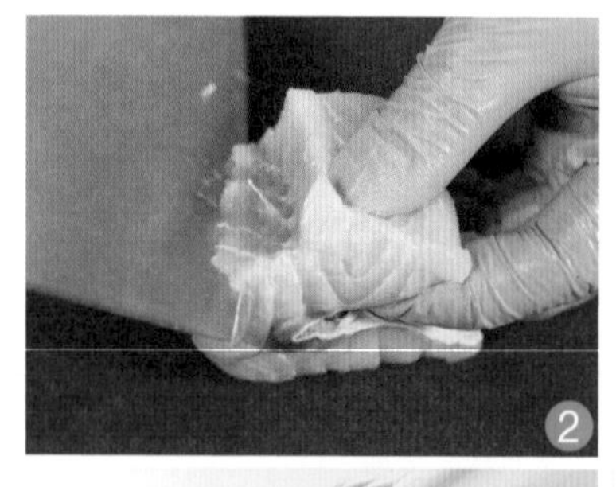

草魚全魚

下巴（魚頭）

肚檔（中段）

划水（魚尾）

富貴叫化雞

「雞功最巨，諸菜賴之，如善人積陰德而人不知，故今領羽族之首，而以他禽附之，作《羽族單》」這是袁枚在他的傳世巨著《隨園食單》所寫的，雞的 DNA 與人最接近，病後體弱要補，就是喝雞湯最實惠，更不用講，現在賣得最好的補品，雞精、滴雞精，在館子理只要是做高檔菜，少不了的是上湯，而上湯的主角就是老母雞。

富貴叫化雞，既是富貴，又是叫化子，衝突中的協調，看看這菜名是怎麼來的？

相傳這原名「叫化童子雞」，是杭州名菜，很久很久以前，有個叫化子，飢寒交迫，要不到飯，無奈偷了一隻雞，然而無鍋也無灶，就用泥巴將雞包在內，丟到火裡，煨烤，泥巴乾了，雞也熟了，敲開一看，香味四溢，扯下雞腿一吃，更是香嫩可口，

後來傳到酒樓，經過不斷改良，就成了今日的富貴叫化雞。

江蘇常熟說，叫化雞是在常熟誕生的，明末清初常熟名士錢謙益改良而成的，1970年在編中國菜譜時，編者不了解，而寫成了杭州的名菜。1950年左右，杭州外事部需高級廚師，從常熟調去了一位高手，他把叫化雞帶到了杭州，久而久之就成了杭州菜，文革時期的菜名實是叫「黃泥煨雞」，但傳到香港後，香港的富貴人家，為了討好彩頭，將叫化雞改成了富貴雞，而在北京重編中國名菜譜時，這才把叫化雞遷回了江蘇省，不用黃泥煨雞，正式定名為「常熟叫化雞」。

叫化子雞的叫化子傳說

在常熟的民間傳說是：有位外地人逃荒到了常熟，住在一個破廟內，當地一位地主年忙，就叫他來打工，結果打了兩、三個月的工，他要工錢，地主不付工錢，又要趕走他，他氣不過肚子又餓，只有偷了一隻地主的雞，逃回了廟裡，廟裡連熱水都沒得燒，毛也拔不掉，想想只好把血放了，拿出內臟，雞肚裡抹些鹽，用泥巴把雞連毛包起來，就丟到火堆裡燒，燒著便睡著了。

醒來肚子更餓，一看，泥巴乾得都有裂痕，從灰燼中取出，往地上一摔，乾泥巴連著雞毛都一併脫落了，真的是雞香四溢，好好的飽餐一頓，此時一位路過的小館老闆，聞香而入，叫化子很大方，分了些雞肉給這位老闆吃，邊吃邊聊，才知道是這樣的做法，回去後，依法炮製，取名叫化雞，常熟叫化雞就留名到了今日。

在台灣深秋初冬之際，焢窯，焢的是地瓜，如果要加菜，就可以做個叫化雞，這樣的雞好吃，是因為原汁原味的鮮甜，並沒有添加太多的調料，只是工序麻煩，在家做不方便，都是在餐館裡才吃的到，沒有叫化雞也無妨，叫隻好吃的桶仔雞，也是不錯的選擇。

大廚教你做

此道料理共需包 5 層，
依序是乾荷葉→食用級玻璃紙→乾荷葉→錫紙→黃泥土。

• 食材

嫩母雞 1 隻(約1000g)

• 佐料

薑50g、蔥50g、洋蔥100g、蒜頭20g、香菜50g、蜂蜜50g、五香粉適量、鹽適量、生抽適量

• 工具

乾荷葉2張、食用玻璃紙2張、黃泥土1000g、錫紙1～2張

• 做法

1. 嫩母雞宰殺洗淨，去掉內臟。
2. 將薑、蔥、蒜、洋蔥、香菜皆切成段。
3. 用鹽和五香粉將雞裡裡外外塗抹均勻，然後與薑、蔥、蒜、洋蔥、香菜、生抽、蜂蜜一起擺入盆子中醃漬4小時。
4. 用1張乾荷葉將雞包起來，並將薑、蔥等配料塞入雞的肚子裡。
5. 再用食用級玻璃紙將雞包2層，再包上1層荷葉、1層錫紙，外面再用黃泥土包裹。
6. 包好的雞入烤箱，以上、下火250度烤30分鐘，再以180度烤4小時。
7. 將烤好的雞敲開泥土、剪開錫紙和荷葉就行了。

乾隆魚頭

中國人說的四大家魚，是淡水魚，指的是青魚，台灣叫烏鰡、鯇魚，俗名草魚，用得最多。鰱魚又叫白鰱，最便宜，肉最不好吃的就是鱅魚，也叫花鰱，它的頭很大，所以叫胖頭魚，台灣叫大頭鰱，做砂鍋魚頭、乾隆魚頭等，都是用大頭鰱，雖然肉粗糙，刺多，腥味重，但做魚頭的菜，它是首選。

李時珍《本草綱目》記載：「鱅即平庸之意，此魚中之下品，蓋魚之庸平，供鮓ㄓㄚˇ者，故曰鱅曰鮓。」花鰱產量大，肉質鬆、口感差，是窮人的魚，但它的頭大，幾乎占了一半的身子，頭燒起來卻很好吃。

剁下來的魚頭要帶些肉，魚頭要清洗得很乾淨，否則腥氣重，在上海、杭州一帶的做法，魚頭會抹些剁碎的豆瓣醬、醬油，略為醃漬後下鍋用豬油，將魚頭煎黃，豆腐挑的是老豆腐，可以汆燙過，或將豆腐煎成兩面黃後，與魚頭同燒，用紹興、醬油燒入味，最後會淋上熟豬油才上桌。豬油與魚頭是最好的搭檔，台灣是很少這樣用，但在江浙一帶，傳統作法都是如此，尤其是上海濃油赤醬的燒法，下飯，冬天來一客，厚油重口味，送飯極佳，便宜又好吃。

高陽在他的《古今食事》裡，談到魚頭豆腐是杭州的名菜，味濃而腴，最適合狼吞虎嚥的吃飯。

來自乾隆皇的傳說

乾隆皇也不知道幾度下江南，到處亂逛亂吃，後人就穿鑿附會的創出了以乾隆命名的菜，話說，乾隆來到了杭州，微服出訪去逛了吳山，時值四月，清明時節雨紛紛，避雨而到了一民家屋檐下，飢寒交困，推門而入，店主王小二，為飲食店小伙計，就家中只剩的魚頭與豆腐燒了，又冷又餓的乾隆，吃了又熱又有味道的魚頭、豆腐，怎能忘得了呢？回到宮裡，乾隆念念不忘這一餐，而御膳房的御廚又做不出那個味，待乾隆又去了杭州，找到王小二，才又吃到令他回味無窮的魚頭豆腐，皇帝的謝謝是不一樣的，第一個賜名為「皇兒飯」，再來就是賞金，幫王小二開了個餐館，叫「王潤興飯店」，有了乾隆的御筆加持，皇兒飯的魚頭豆腐就叫成了乾隆豆腐。

後人題：肚饑飯碗小，魚美酒腸寬，問客何所好，豆腐燒魚頭。

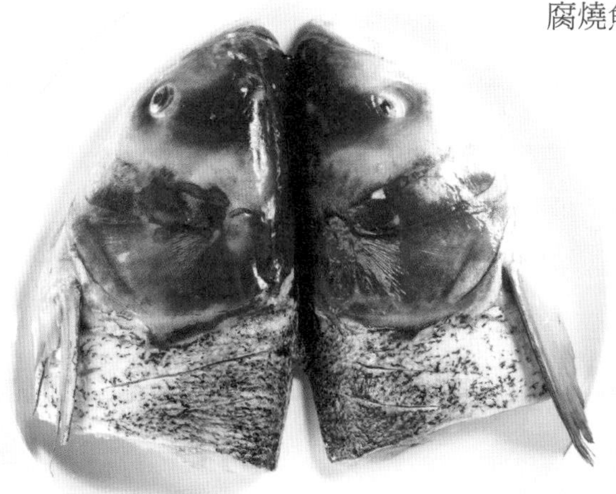

是不是因乾隆而得名並不重要，而是家常菜，往往因為平凡好吃，食材大眾化，而流傳下來。

大廚
教你做

魚頭須先以油煎過，再行烹煮，方能更添風味。

• 食材

鰱魚頭1個、蔥花50g、薑片100g、青辣椒4個、老豆腐2塊、豆腐果6個

• 佐料

乾燈籠椒5粒、白砂糖1/2匙、生抽80g、老抽30g、生粉少許

• 做法

1. 魚頭去鱗、洗淨、擦乾，備用。
2. 老豆腐切厚片，兩面沾上少許生粉，用油煎至兩面呈現金黃色。
3. 再依次加入魚頭、豆腐果、白砂糖、生抽、老抽，燜至魚肉變色。
4. 待豆腐也變色後，加入青辣椒。
5. 最後撒上乾燈籠椒、蔥花，起鍋。

❶

❸

❸

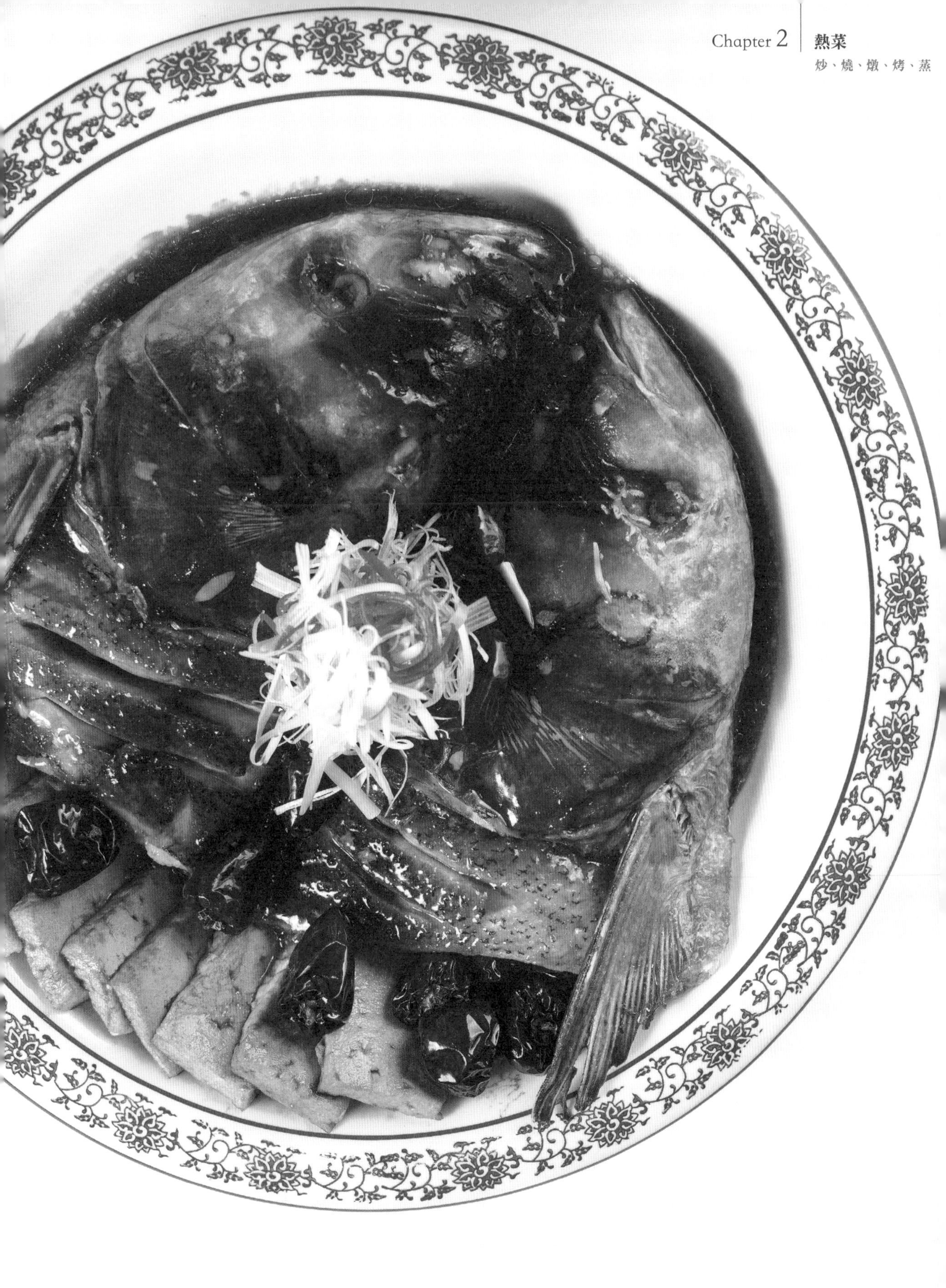

杭州東坡肉

中華民族的歷史，與吃有關的，大概就是東坡肉名氣最大，伊尹是商朝人，太遙遠了，而袁枚是清朝人，雖然他的隨園食單流傳至今，但沒有一道菜是以他命名的。

談東坡肉就得從蘇東坡被貶到湖北黃州時說起：「淨洗鍋，少著水，柴頭罨煙焰不起。待他自熟莫催他，火侯足時他自美。黃州好豬肉，價賤如泥土。貴者不肯吃，貧者不解煮，早晨起來打兩碗，飽得自家君莫管。」這是他謫居黃州時寫的＜豬肉頌＞，當時還沒有東坡肉，只是說黃州的豬肉很好，也便宜，他很喜歡吃，貶到黃州時任團練副使，是個小官，很窮，發現了便宜也好吃的豬肉，寫了這首詩，有趣的是，一大早就吃兩碗紅燒肉，難怪林語堂在寫蘇東坡傳時，開宗明義地說，他是個千年來的天才。

蘇東坡的命不好，官運亦差，經常被下放，最遠還被放逐到海南島，宋元佑年間，他第二次到杭州任職，當時的西湖，經常是一雨成災，西湖本是調節排水的功能，多年來未清淤積，因而常有水患，蘇東坡來了，發動民眾共同疏浚西湖，在大功告成時，老百姓感謝他，贈送了大量的豬肉、黃酒，蘇東坡就依照自己的想法，將豬肉，黃酒燒成了紅燒肉，分贈給大家吃，這樣可能因大家紀念，就成了東坡肉。

尊古法，切肉與工序都有講究

東坡肉至今不變的是，一是豬肉的挑選，在杭州用的是金華地區的兩頭烏，這是當地特有種，即頭與臀部皆是黑的，在台灣用黑毛豬最佳，部位是帶皮的五花肉，不用後腿，也不用胛心肉，調味用的是酒，這兩樣是不變的。

如果用東坡肉這名詞，尊古法食譜，連肉的切法與工序都有講究，五花肉帶皮切兩寸正方，即六公分正方形，以黃酒先燒後蒸而出，以宜興小紫砂鍋，一份一個最佳，東坡肉與一般紅燒肉不同，一般紅燒肉，需帶點咬勁，太爛有點嚇人，而東坡肉就是爛而不柴、不油，配飯極佳，搭配著發麵荷葉夾，就成了台灣的刈包。

正規的東坡肉做起來太麻煩，而且肉的份量太少，做不出那個味道，東坡肉在台灣是綁個麻線出的，要味道好，就可以選擇藺草來繫，出菜時一掀蓋，酒味裡帶著一股天然的草香，是否一定要綁繩子定型呢？也未必，1989 年第一次在杭州，樓外樓吃的時候，並未綁任何繩子，肉未散型，味道一樣好。

蘇東坡是四川眉山人，川菜裡用豬肉是最多的，也叫廣大教主，成都有家百年老滷店，叫盤飧市，門口的對聯是：百菜還是白菜佳，諸肉還是豬肉好。蘇東坡終其一生未回到家鄉，而東坡肉卻是從杭州揚名到全中國，留傳至今。

大廚
教你做

選用五花肉時，需挑選皮薄、肉厚的豬五花條肉，其中又以黑毛豬為最佳。而這道菜若以紹興酒代替水（也可加少許水）燉煮，將可突出醇香的地方風味。

• 食材

五花肉1500g

• 佐料

蔥100g、冰糖100g、薑塊50g、八角2個、小茴香10g、丁香2粒、桂皮10g、桂枝10g、紹興酒300g、米酒200g、醬油120g、蠔油80g

• 工具

藺草繩

• 做法

1. 刮盡豬肉皮上餘毛，用溫水洗淨，放入沸水鍋內汆燙5分鐘，煮出血水後再洗淨，切成6公分的正方形，並以藺草綁住。
2. 將蔥50g打結，成為蔥結；薑塊去皮後以刀拍破。
3. 取大沙鍋，放入八角2個、小茴香10g、丁香2粒、桂皮10g、桂枝10g，再用小竹架墊底，鋪上蔥50g、薑塊50g，將豬肉皮朝下排放在蔥、薑上，加入冰糖、紹興酒、米酒，再放入蔥結50g，加蓋用旺火燒沸。
4. 密封沙鍋邊縫，置文火燜2小時左右。
5. 開蓋後，將肉塊翻身（皮朝上），加入蠔油、醬油，繼續加蓋密封燜至酥熟。
6. 將沙鍋端離火，並把肉分裝入特別的小陶罐中，撇去肉汁上的浮油。
7. 湯汁分裝入步驟6的陶罐中，加蓋密封，用旺火再蒸半小時左右至肉酥透即可。

聚味軒

天寧酒香炙骨頭

炙：以火烤肉，酒香：用的是桂花酒，天寧是宋徽宗十月十日的生日，叫天寧節，宋朝歷代的皇帝生日，都有名稱，宋徽宗的天寧節生日，所演變出的一道菜。

俗話說：「好肉就在骨頭邊」，無錫的肉骨頭，也是一樣的道理，所取的肋骨，也就是我們常說的子排、上排，肉厚、直骨，每片肋排大概只取六～八根，每根十～十二公分，每一根骨的前端需清除骨膜，使骨頭略為翹起，這是原來的做法。

徽宗在位時，十月最重要的節目就是他的生日天寧節了，從十月皇帝的賜衣，從夾衣穿成了錦襖，就像是換穿了冬季制服，接著就要上暖爐了，暖爐就會一直用到隔年的二月過完年，這暖爐就是用來燙酒烤肉吃的，從十月八號到十號，文武百官要去為皇上祝壽，從第一盞酒開始，「歌色板」這教坊的官員，就依規矩，又唱又跳的為皇上祝壽，第二盞，第三盞，到了第四盞酒，就會上炙子烤肉，直到第九盞酒，才算結束，這樣奢侈的天寧節，徽宗也沒能享受幾回，徽宗與欽宗就成靖康之難的階下囚了。

最沒出息的朝代，卻出了最豐富的人文

雖然這個菜因為徽宗天寧而名，但炙排骨，本就是道誘人的好菜，先醃製，加了桂花酒，再以小火慢煎，上菜再秀一下炙的功能，名符其實的酒香炙排骨，誰在意是哪個皇帝的菜呢？

宋朝是個最沒出息的朝代，北宋的汴梁（開封）到南宋的臨安（杭州），卻出了最豐富的人文與飲食文化，菜系在宋朝時已有南食，北食之分，更有川食，說的長江中上游，虜食指的是西北菜，宋朝也解除了宵禁，除了有三餐，連宵夜、夜市都極為蓬勃發展，清明上河圖就有百行百業與夜市，酒樓、餐館更是大規模的出現，飲食的結構有趣的改變，是水果飯前吃，而非飯後，這又符合了現在醫學的說法。

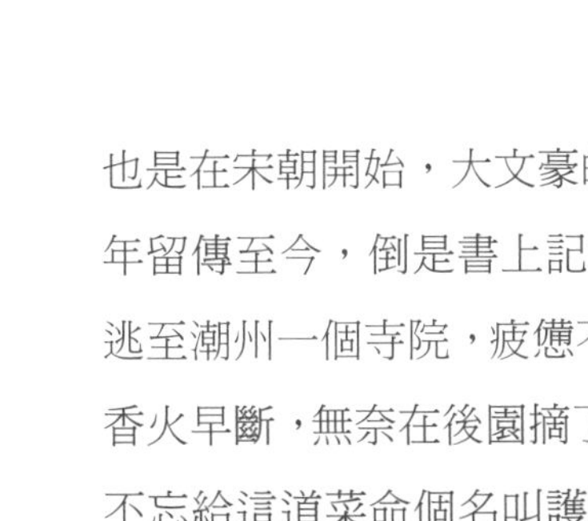

涮羊肉源於宋林洪的山家清供，膨化食品的祖先，爆米花，宋時以爆米花來占卜一年的吉凶與女孩的婚姻。在宋朝之前幾乎無女子當廚師，到了宋朝以生女子為貴，好的廚娘值千金，也是在宋朝開始，大文豪的東坡肉，東坡系列，宋嫂魚羹，范仲淹的白雪糕都已千年留傳至今，倒是書上記載一道菜叫護國菜，相傳宋朝最後一位皇帝趙昺兵敗，逃至潮州一個寺院，疲憊不堪，餓死了，寺人雖想好好的接待皇帝，然戰事連連，香火早斷，無奈在後園摘了一把番薯葉，煮好，端給皇帝食用，吃的津津有味後，不忘給這道菜命個名叫護國菜，以示恩典，此菜竟成了潮州名菜，寫到這，想想，有時候盡信書，不如無書這句話，真對，番薯葉是明清之際，從菲律賓傳到中國的，宋朝哪來的番薯葉呢？

大廚
教你做

炙燒的動作，是以酒引火，將火引至肉品上，創造華麗的視覺效果。

• 食材

腩排骨500g

• 佐料

薑片50g、蔥段50g、花椒10粒、油3茶匙、鹽1茶匙、糖10g、醬油2茶匙、太白粉1茶匙、桂花酒1茶匙

• 做法

1. 排骨切小塊，放入薑片、蔥段、花椒、桂花酒、醬油、糖攪拌均勻，蓋保鮮膜放置冰箱冷藏1小時。取出翻動一下，繼續冷藏1小時。
2. 熱鍋，5分熱時加入醃製好的排骨，用小火煎，一面煎至金黃，翻面繼續煎至金黃。
3. 將步驟1剩餘的醃料中加入少許鹽攪拌均勻，倒入鍋裡，以小火煮至湯汁濃稠便可出鍋。
4. 起鍋前淋上少許桂花酒，可以火點燃。

豬排骨

浪花天香魚

傳統杭州菜，淡水魚用的多，海魚少用，新派的杭州菜，倒是不受限，浪花天香魚，這道菜取的是如錢塘江浪花般的魚肉刀工，味美似天香的烹調方式。

魚是主角，用的是東星斑，俗稱紅條，好看好吃的石斑魚，用的是剞ㄐ一刀法，魚體下刀後，切成如浪花般的刀法，除了刀工外，掌握的是蒸魚的火候，魚新鮮，蒸一蒸就是最好吃。

一般的魚，殺完後內臟是不用的，但在江浙菜裡有道叫湯卷的菜，用的全是魚內臟，也就是魚雜，台灣已看不到這個菜，淡水魚的內臟，很腥，一般都丟棄，因為要用，清理很麻煩，可以吃的是魚腸，很多黏液要剪開清洗，魚鰾，俗稱魚泡泡，魚呼吸用，去掉紅筋，剪開，魚肝漂清，最忌的就是魚膽，不小心破了，整個內臟都苦得不能吃，湖北人燒魚雜，殺好幾條魚才能燒一碗，重口味，又是酒，又是辣椒、豆瓣醬才能去腥，上海人用糟，叫香糟湯卷，用的是太倉出的糟油，在台灣只有台北石家飯店在 1980 年左右出過這道紅燒托肺，到底為什麼叫上海湯卷，台灣的師傅叫托肺，其實就是魚雜，大概都是鄉音造成的。

菜肴命名偶爾也跟鄉音有關

說到鄉音所造成的後果，最有名的就是于右任的石家鮀肺湯，于右任，國民黨黨國元老，書法家，創立四角字典的查法，于右任只有小學畢業，後皆自學，最高曾任行政院長，他於 1920 年左右，秋末遊木瀆，探桂花香，在木瀆石家飯店用餐，吃到了驚為天人的鮀肺湯，于老為山西人，鄉音重，唸了首詩，讚揚鮀肺湯，在旁邊的人提筆記了下來:「老桂開花天下香,看花走遍太湖旁,歸舟木瀆猶堪記,多謝石家鮑肺湯。」

木瀆自古有「秋時享福吃斑肝」,太湖有種魚叫斑魚,只有在秋天桂花開時出現,只有半個月的時間,就沒有了,斑魚不大,只有七~八公分,圓滾滾的身子,有綠、黃的花斑,而斑魚最好吃的就是肝,用魚肉與肝作的就是斑肝湯,讓于右任的山西腔,說成了鮑肺湯,如今,鮑肺卻比斑肝名氣大多了。

下回去蘇州玩,別忘了去木瀆的石家飯店吃碗斑肝湯,斑肝湯的出菜是以過橋的方式出,一碟放著,三角型呈現金黃色的肝,另一碗是斑魚肉燉的湯,先吃肝,再喝湯,鮮、嫩、滑一點都不腥,吃的時候,慢些,否則,一不小心肝就滑進喉嚨,滋味沒嚐到就進肚子了,千萬記得季節對了再去,才有得吃。

大廚
教你做

浪花天香魚的關鍵在於魚身本身的波浪花刀，需要長年時間累積，可參考圖片切法。

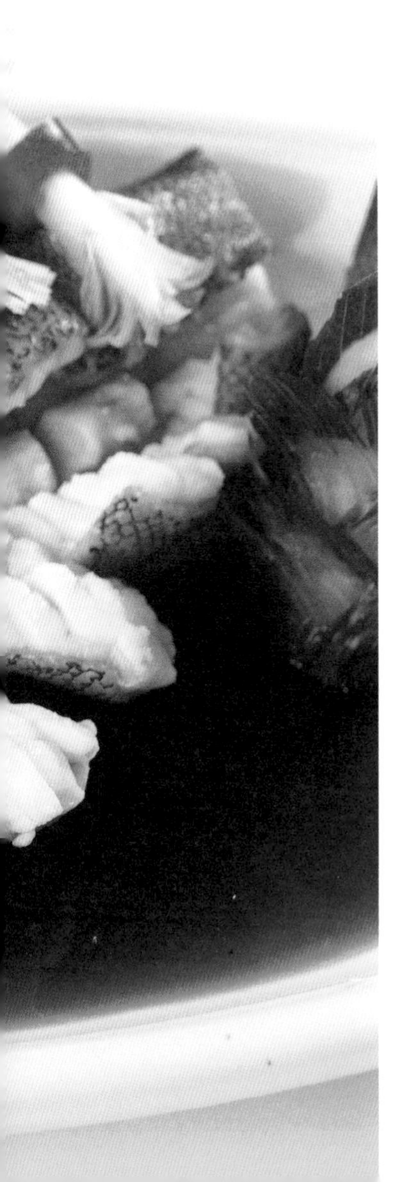

• 食材

紅東星斑魚1隻(約800g)、檸檬片50g、薑絲50g、蔥絲50g、青辣椒絲30g、紅辣椒絲30g

• 佐料

鹽適量、黃酒適量、太白粉適量、上湯適量、魚露適量、淡醬油適量、白糖適量

• 做法

1. 魚剖好洗淨，頭與身體分開，魚身正面剞波浪花刀，反面剞小牡丹花刀，然後用鹽、糖、胡椒粉醃漬5分鐘。
2. 起一蒸鍋並煮水，待水滾後放入魚頭蒸，5～6分鐘後將魚身也放入蒸鍋，大火蒸7～8分鐘，確認魚頭、魚身都熟後，取出裝盤。
3. 將蔥200g洗淨並風乾，切小段，起一油鍋，約倒入沙拉油1kg，以小火約80度油溫，慢炸蔥至焦黃，撈起蔥，完成蔥油，過濾後備用。
4. 鍋中留少許油，放入上湯、鹽、白糖、黃酒、魚露、淡醬油等調料，勾薄芡，淋入蔥油。
5. 把步驟5完成的芡汁澆在魚身上，薑絲、蔥絲、青紅椒絲等輔料圍放兩邊即成。

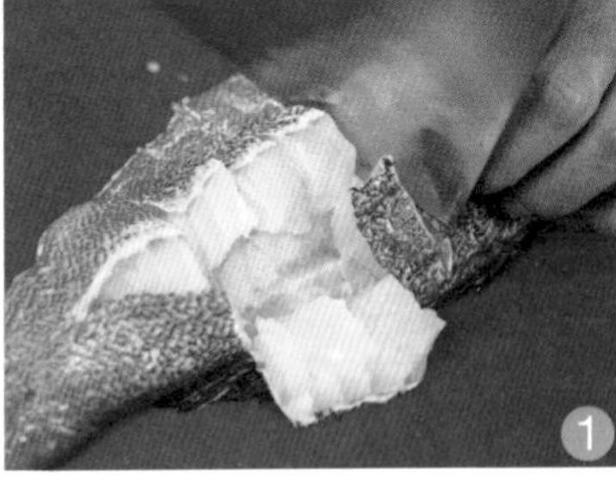

油燜春筍

李漁，飲食之事，應該是膾不如肉，肉不如蔬，草衣木食，乃上古之風，人疏肥膩，食蔬蕨而彌覺其甘。

這是清初戲曲家李漁的飲食觀，吃素比吃肉好，而素食的材料，他將筍排在第一位，他認為蔬食之所以能居肉食之上的至美，全在於一個「鮮」字，以現代而言，除了山僧、老農自己種的菜能現摘現吃的鮮味，其他的人就沒這口福，而筍更是如此，它長得快，也老得快，所以到了春夏之際，一早到市場買的筍，還帶著大坑山上的濕泥，回到家裡，燉個排骨湯，就是只有鮮甜來形容了。

古文中的「筍」字

李漁形容：「素宜白水，葷用肥豬」，綠竹筍白煮後，蘸沙拉醬或一點好醬油，毛竹筍燉排骨，冷熱皆宜，而鮮筍為了保存，製成了筍乾，酸筍則又成了另一種風味呈現。

《說文解字》：「竹，冬生草。下垂者，箁箬也。凡竹之屬皆從竹」，段玉裁注：「云，冬生者，謂竹胎生於冬，且枝葉不凋。」《山海經》：「其草多竹，故謂冬生草，植物中有草、木、竹，猶動品中有魚、鳥、獸也。」文中所言，竹胎就是竹的嫩芽，筍，竹筍冬天開始萌芽，且冬天不凋謝，所以叫冬之草，竹字就像一長型桿子，桿子旁垂下的叫「箁箬」，

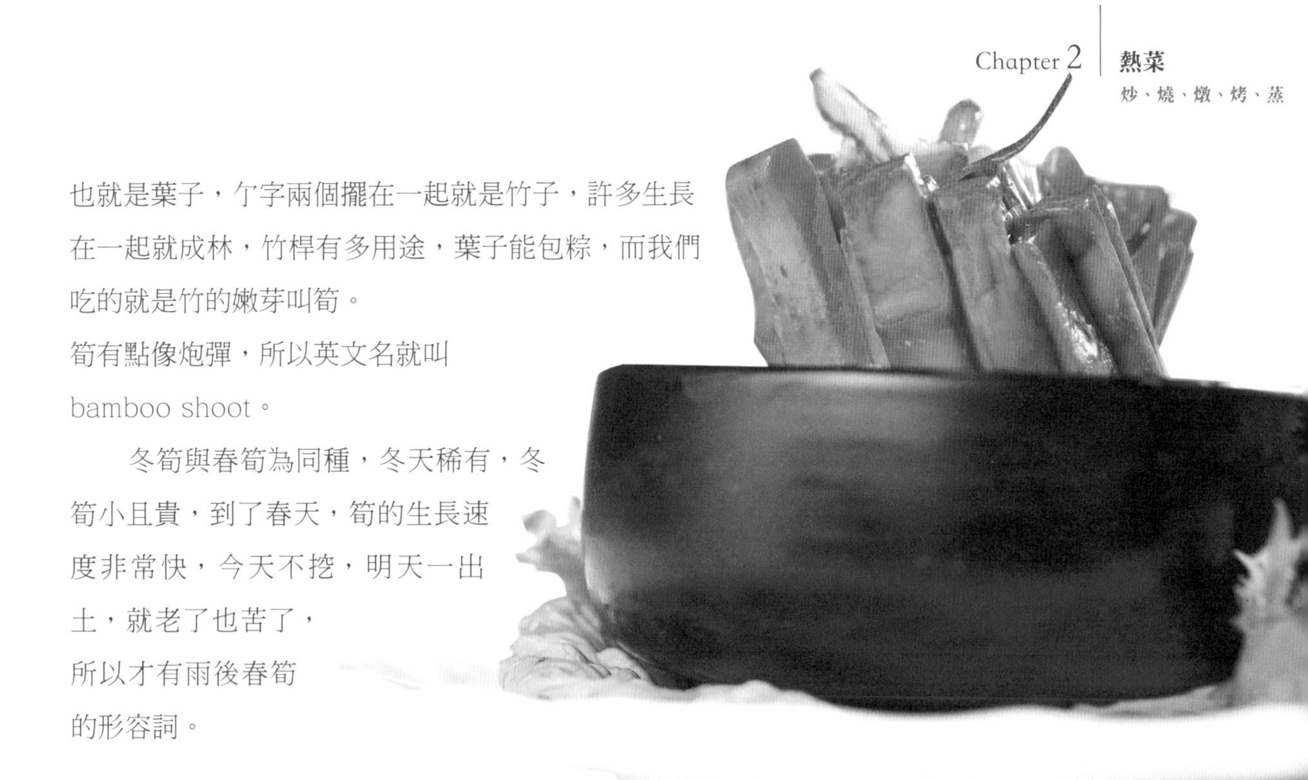

也就是葉子，亇字兩個擺在一起就是竹子，許多生長在一起就成林，竹桿有多用途，葉子能包粽，而我們吃的就是竹的嫩芽叫筍。
筍有點像炮彈，所以英文名就叫 bamboo shoot。

冬筍與春筍為同種，冬天稀有，冬筍小且貴，到了春天，筍的生長速度非常快，今天不挖，明天一出土，就老了也苦了，所以才有雨後春筍的形容詞。

台灣有著全世界最好吃的筍

中國北方沒筍子，都在南方，歐美更不知此為何物，而台灣卻有著全世界最好吃的筍，夏天的毛竹筍、綠竹筍，生長期最短的就是桂竹筍，一個月的時間，趕不上吃，就只有吃醃筍了，這次油燜春筍用的就是桂竹筍，筍子拍開，用手撕的，都比切的好吃，易入味，而形自然，春筍吃的就是筍的自然甜味，調味則是本味，筍不易入味，油、糖需重些，才能帶出筍的鮮味。

大陸有位史學家，寫了篇筍的文章，極佳，鮮筍、筍乾、醃筍等之來龍去脈都有詳盡的介紹，提到扁尖即鞭尖，是台灣江浙小館必然會用到的筍乾，「扁尖」是夏秋的竹子，生於地下根莖會不停向四周生展，這地下的根莖如同鞭子一樣，太多了，如同台灣的水果，花苞太多，要蔬果，這些取出如鞭狀的筍，製成乾貨，就是常用的扁尖，應該叫成鞭尖，海峽兩岸都叫錯了。

現代人應該多吃筍，看看《本草綱目》怎麼說：「筍雖甘美，而滑利大腸，無益於脾」俗謂之「刮腸」，筍含生物鹼，會刮人體脂肪，以前人油脂吃得少，不太需要篦來刮油，如今油脂的攝取，都過量，下回記得吃完紅燒肉，趕快喝碗筍湯刮刮油吧！

※ 篦ㄅㄧ丶 細密的梳子

大廚
教你做

春筍並非單指一種品種，台灣盛產的春筍有很多種，在這道料理中，可挑選桂竹筍、青麻筍、綠竹筍等，風味皆宜。

• 食材

春筍300g、小蔥50g

• 佐料

鹽5g、糖20g、醬油30g、蠔油20g

• 做法

1. 把春筍剝皮，洗淨，撕成條狀或切滾刀塊用，小蔥切成蔥末備用。
2. 燒一鍋開水，水裡放鹽，燒開後把春筍放進去汆燙2分鐘殺青，燙好後撈出，瀝乾水分，備用。
3. 鍋裡倒油，油熱後，把春筍倒入，以小火煸炒。
4. 倒入開水、糖、醬油。
5. 後加蠔油，蓋上鍋蓋以中火燜上7～8分鐘，轉大火，開始收湯汁，等待冒泡泡。
6. 等待湯汁收得差不多時，就可以關火，放入蔥末增香，即可上桌。

TIPS **如果步驟5時覺得不夠鹹，可再調入一點鹽。**

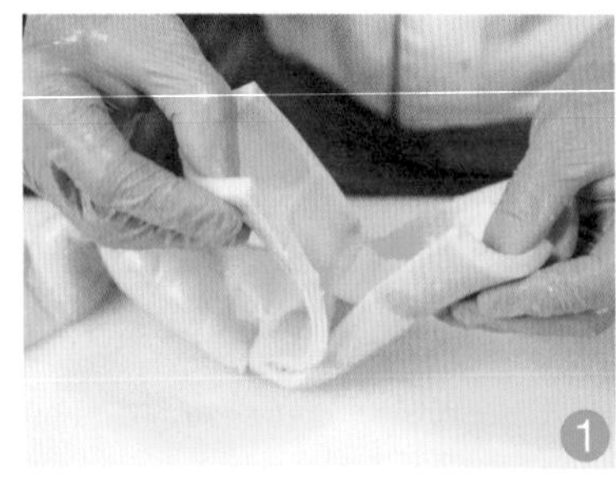

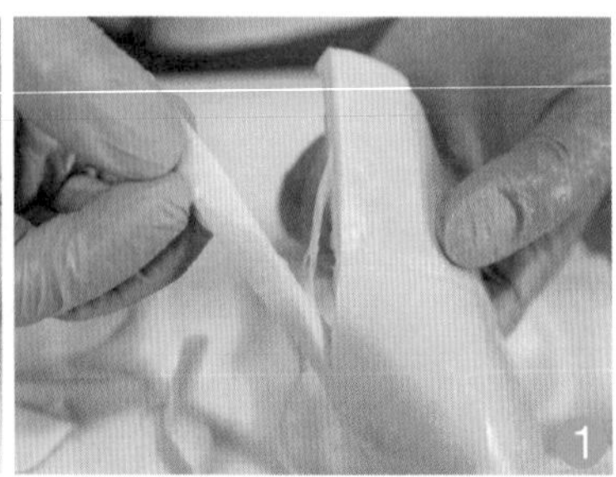

銀芽蛤蜊

掐頭去尾的綠豆芽，就叫銀芽，也叫掐菜，而黃豆芽長的像古時候的如意，有些寓意吉祥如意的素食，少不了黃豆芽。

明朝時陳嶷，時任浙江御史，他曾作《豆芽賦》：「有彼物兮，冰肌玉質，子不入於汙泥，根不植於扶植，金牙吋長，珠蕤雙粒，匪綠匪青，不丹不赤，白龍之鬚，春蠶之蟄。」一個豆芽菜，透過文人的筆，能寫出如此華麗的詞藻，用白話文來說：「它不種在土裡，也不需扶植，芽身冰肌玉質，約一吋長，上有兩粒珠狀的芽，根部有鬚，像一條蠶寶寶。」這是形容豆芽的種植與生長。

而明朝另一位文學家，叫徐文長，當時在紹興地區是人人皆知的文化狂人，也是藝術家，他曾幫他賣豆芽的朋友寫了一副對聯：

ㄓㄤˇ ㄔㄤˊ ㄓㄤˇ ㄔㄤˊ ㄓㄤˇ ㄓㄤˇ ㄔㄤˊ　ㄔㄤˊ ㄓㄤˇ ㄔㄤˊ ㄓㄤˇ ㄔㄤˊ ㄔㄤˊ ㄓㄤˇ

「長長長長長長長，長長長長長長長」，上聯希望豆芽生長快，越長越好，下聯是希望價格漲越貴越好。可惜數百年來未能如願，因為每次颱風，大雨成災，乾旱都與它無關，豆芽菜永遠是最便宜的好菜。

蛤蜊古名叫做「含漿」

豆芽孵完，該說蛤蜊了，蛤蜊有很多種，最常吃的是文蛤還是花蛤呢？古時對海中生物不好了解，很多註解現在看起來很荒謬，古文說生長在海中，叫海蛤，牡蠣與蚶，而這三種都是天上飛的，燕子，雀鳥，掉到海裡變成的，神話吧。上海的對門南通市，稱車鰲，為天下第一鮮，車鰲就是蛤蜊，文蛤、花蛤就是鮮，越是鮮活，殼內的肉越飽滿，放的越久，肉就越縮越小，蛤蜊在古時有個很美的名稱叫「含漿」，各位在中秋節烤蛤蜊時，吃蛤蜊最喜歡的就是殼張開時的一口湯汁，極鮮，就是不要吃到沙，那就掃興了。

袁枚的《隨園食單》裡有道菜叫「程立萬豆腐」，揚州人程立萬，家裡燉的豆腐，鮮味十足，豆腐盅見不到蛤蜊，只見豆腐，吃到的卻是蛤蜊的鮮味，此菜流傳至今，無他法，秘訣就是以大量蛤蜊的濃汁來燉豆腐，時間長，鮮味都進了吸百味的豆腐，怎能不好吃呢？銀芽蛤蜊能成為上了檔次的菜，銀芽是綠豆芽變成銀芽的費功，蛤蜊的鮮汁去沙，再加上同屬鮮味的干貝酥，只要一點點鹽，吃的是本味，鮮香爽口，這道菜就成功了！

銀芽指的是將綠豆芽的頭尾去除，變成銀芽，口感更為精緻。

• 食材

綠豆芽300g、蛤蜊15～20粒、干貝絲20g、蔥末10g、辣椒絲10g

• 佐料

鹽少許

• 做法

1. 綠豆芽去頭掐尾成銀芽，洗淨備用。
2. 鍋中入少許水，煮滾後放入蛤蜊煮約20 ～ 30秒，熄火。
3. 將蛤蜊取出撥開殼，將蛤蜊肉取出備用，蛤蜊汁留用。
4. 熱油鍋，加入銀芽快炒，依序加入蛤蜊肉、干貝絲、蔥末、辣椒絲、蛤蜊汁3 ～ 4大匙並快速拌炒，再加少許鹽調味即可。

油麵筋塞肉

談這道菜，先要搞清楚麵筋是怎麼來的，麵筋有生的、熟的，而炸過的就叫油麵筋。

上海的家常小吃，四喜㸆麩，麩就是麵筋的再製品，台灣見得到，熟麵筋，油麵筋，麩，卻見不到生麵筋，生麵筋是洗出來的，小麥製成的麵粉，揉成麵糰在水中搓洗，搓出來的就是生麵筋，具黏性，而溶於水中的麵粉，還原後不帶筋性，就是做點心的澄粉，粵式點心粉粿，蝦餃，透明的外皮就是澄麵做的。

素食常用麵筋製品，在台灣常與賣豆製品的店共用陳列販售，南朝，梁武帝蕭衍是個虔誠的佛教徒，就是他下令全國的佛寺不得食葷，在這之前，和尚是可以吃葷的，吃素，長時間覺得腹內無肉之空虛，下令御廚以麵筋代肉，增加飽足感，於是有了一種創新的食材。

無錫、蘇州，做法各不同

無錫有兩種名聞中國的食物，一個是無錫排骨，就是肉骨頭，而另一個就是油麵筋，油麵筋塞肉，就成了當地的家常菜，可以單獨燒，好吃，肉餡並無特殊之處，只是塞肉餡時要注意，

油麵筋，用筷子戳個洞，麵筋裡有組織需略為旋轉一下，讓油麵筋成了空心，但不要戳破，肉餡就露出來了，怕肉餡在燒的時候跑出來，所以需先定型，煎一下或蒸一下，餡凝固就可以燒了，這是無錫的做法。

我個人喜歡蘇州的做法，蘇州有油麵筋，但會用現做的水麵筋，在農村傳統的家裡，水麵筋是現洗的，黏性、韌性自如，肉塞進去後，就像是福州魚丸、魚漿內包著肉餡，但你找不到塞肉的洞，水麵筋塞肉在燒時渾然一體，找不到塞肉的地方，而且如同充氣般的膨脹起來，燒出來好看又好吃，以現代的口語來說，是會爆漿的麵筋，如同吃湯包一樣，先咬個洞，吸湯汁再吃，第一次吃的，如果不提醒，會燙個正著。

現在的蘇州館子，除非事先預訂，否則吃不到，都是用炸過的油麵筋來塞肉，只是有個洞，沒處理好，就露餡了，漸漸的，市場上也沒人賣水麵筋了。

塞肉的油麵筋，還用在一道家常的湯，台灣的江浙小館，如果有賣，叫兩筋一湯，湯裡有油麵筋塞肉，百頁包肉，就是不知為何取名叫兩筋一，這個菜名是一錯，再錯，三錯的結果，卻知如何？請看下回本書，上海、揚州菜之分解。

大廚
教你做

油麵筋塞肉中的綠色蔬菜，可任意挑選自己喜歡的，在這裡是用花椰菜、青江菜做示範。

• 食材

油麵筋10個、去皮五花肉200g、北菇8朵、葱100g、薑40g、綠色蔬菜200g

• 佐料

紅露酒10g、豆瓣醬10g、白胡椒粉2g、鹽2g、生抽8g、砂糖10g、水少許、花生油少許

• 工具

筷子

- 做法

1. 五花肉去皮洗淨，用細切粗剁的方式剁成肉餡，剁的時候加一點紅露酒，去腥。
2. 將蔥一半切成末、一半切成段、薑切成片，北菇提前用水泡發後，去蒂切小丁，豆瓣醬提前剁幾刀，將醬裡面整顆的豆子剁碎。
3. 將步驟1剁好的肉餡同香菇、蔥末混合，加入豆瓣醬、白胡椒粉、鹽和砂糖，順著同個方向攪拌至肉餡有粘性。
4. 用筷子將油麵筋戳個洞，小心的旋轉筷子，將油麵筋裡面的組織戳至塌陷，呈空心狀，小心別把油麵筋戳破了。
5. 把油麵筋戳出一個筷子頭粗細的洞口，將肉餡擠到油麵筋裡面塞滿。
6. 平底鍋放適量的花生油，下薑片、蔥段炒出香味。
7. 放入塞滿肉餡的油麵筋，洞口朝下，以小火煎半分鐘定型。
8. 調入適量的生抽和砂糖，加熱水至油麵筋的1/2處，大火燒開後，轉小火煨10分鐘至麵筋變軟，中途記得將麵筋翻面。
9. 另起一鍋，將綠色蔬菜汆燙一下起鍋備用。
10. 待麵筋全部變軟後，轉大火收汁搭配蔬菜盛盤食用。

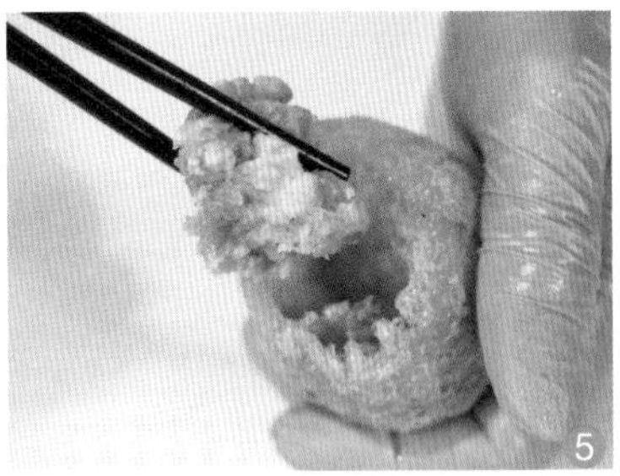

爛糊肉絲

大白菜遇見豬肉，這可能是食材裡最佳拍檔，有詩為證：
百菜還是白菜佳，諸肉還是豬肉香。

做泡菜少不了它，韓國泡菜它更是主角，北方人到了冬天，不能沒有它，東北的漬酸白菜，北京人的芥末墩，開洋白菜，打滷麵也少不了白菜肉片滷，四川的名菜，開水白菜，連蘇州人到了寒冬的三九天，來個爛糊白菜暖肚子。

逯耀東老師在他的《出門訪古早》這本書裡，有個單元叫「從上海的城隍廟吃到南京的夫子廟」，途中經過蘇州松鶴樓，在他未來台之前，吃過松鶴樓的爛糊肉絲，記憶中是這樣的一個味，黃芽白菜和肉片，火腿冬菇煨後，盛於粗碗再上籠蒸，原碗上桌，菜汁溢出，碗沿碗底都是汁，真叫「一蹋糊塗」。前聯合報記者薛興國先生，調派香港後，曾央請鴻星集團的龍哥師傅做一次，菜做的味道一模一樣，就是碗出來的時候，乾淨得一蹋糊塗。

白菜的古名叫做「菘」

在蘇州的臨頓路，有家小菜館是以爛糊白菜出名，不但可以在店內吃，還可以外帶，特製的竹子編的扁式黃籃頭，襯以乾荷葉，爛糊肉絲居其中，人手一籃，成了伴手禮，他家的爛糊肉絲外帶時，是結凍的，說穿了，不稀奇，因為店家是用豬皮燒出來的，燒好後放涼就成凍了，在蘇州可以，台灣就氣溫太高，要放冰箱，才能結凍。大白菜古稱菘，《埤雅》：「菘性淡，冬不凋，四季常見，有松之操，故其字會意。」菘這種蔬菜，口味淡，四季皆有，冬天也不凋萎，它像松樹一樣耐寒，會意是兩個字合成一個字，菘即「艹」與「松」的合字。

黃芽白是大白菜的一種種法，並不是所有的大白菜都可以叫黃芽白，明朝李時珍《本草綱目》記載：「菘，燕京圃人又以馬糞入窖壅培，不見風日，長出苗葉皆嫩黃色，脆美無澤，謂之黃芽白。」

蘇州的爛糊肉絲，肉絲不用純瘦的裡脊，選用胛心肉，也就是梅肉，有肥也有瘦，豬皮，肥肉，會產生凍子，白菜更滑嫩，瘦的肉絲也不會過柴。

炒裡脊絲的荒唐故事

說到炒裡脊絲，高陽在他的一本著作叫《古今食事》裡寫到：明朝末年的河工，河工是因為明末時黃河河運所產生的事物，黃河經常氾濫，朝廷為了治理河運，而撥了大筆的經費，其經費用於治理河運的極少，幾乎是貪官用於吃喝之上，據說當年河工之宴，須三天三夜才能完事，就像是吃流水席一樣，隨意入座，盡興而去，吃的時間長，菜的花樣就得多了，據載，光豬肉的做法，就有幾十種，而且極盡奢侈與殘忍之法，高陽舉炒裡脊絲為例：先將豬關在空房內，眾人持竿痛擊，豬一面逃、一面叫，後面人一路追打等，繞室奔號的豬，力竭而斃，馬上用利刃取其背肉一片，整隻豬的精華指此一片，其餘的腥惡失味，不堪食，這樣炒一盤裡脊絲，就需好幾頭豬，會這樣奢侈皆因公款報帳之故。

大廚
教你做

爛糊肉絲是一道主要以豬肉和大白菜為主的料理，豬肉以五花肉為最佳，大白菜則以山東白菜為上選。

• 食材

豬肉100g、大白菜600g

• 佐料

熟豬油60g、紹興酒50g、米酒20g、生抽10g、鹽10g、高湯600g、蒜末20g、太白粉適量、胡椒粉適量

• 做法

1. 將豬肉去筋、切成絲，用米酒、生抽、太白粉醃漬20分鐘。
2. 在鍋裡倒油，約在油溫60～70°C時下肉絲，以筷子攪拌，待肉絲成乳白色約5分熟，起鍋備用。
3. 白菜洗淨，切成絲，白菜梗與葉面需分開。
4. 取炒鍋加入熟豬油燒熱，再以蒜末爆香，放入白菜梗絲、肉絲煸炒，加入紹興酒，隨即加入高湯，待煮沸後放入白菜葉絲，再改小火燒20分鐘。
5. 待熟爛加入鹽、胡椒粉調味，淋入太白粉水勾芡成糊狀，再放入熟豬油，攪拌數下，即可起鍋裝入湯盤。

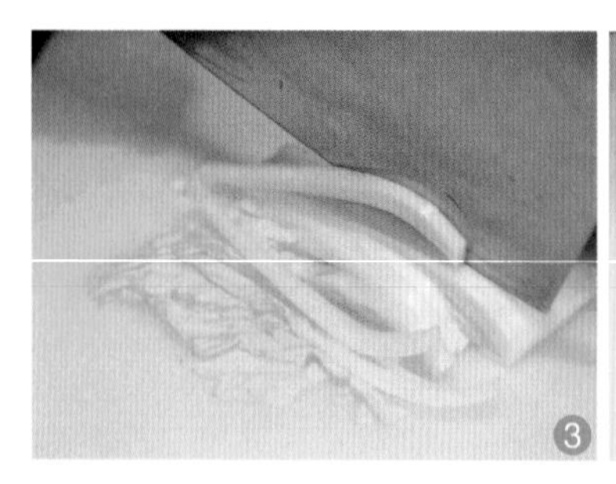
3

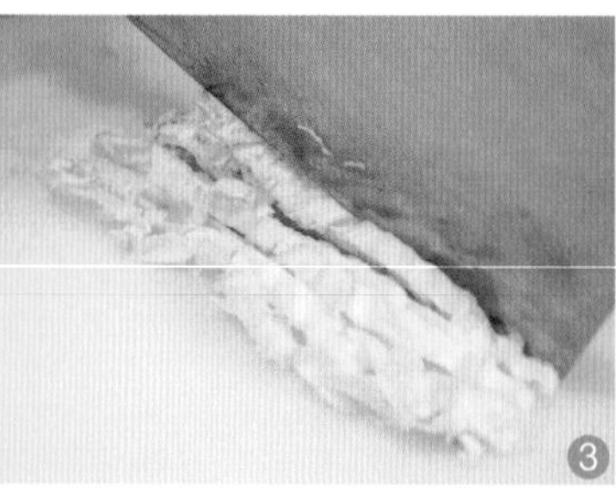
3

4

八寶辣醬

八寶辣醬，蘇州人說：「誰說這是上海菜？」蘇州人常說：「2000千多年前，春秋戰國時，吳國的首都就是蘇州，上海只是個小漁村，很多寧波人在這一兩百年，移居上海，他們也常說上海菜一大部分都是寧波菜」，這些都對，一般說的上海菜，只是通稱的概念，除非這道菜，出了上海就沒有。

話說，八寶辣醬是炒辣醬延伸出的菜，而在上海或蘇州也好，他們當地的辣醬是不辣的，用的醬都是有豆瓣醬，但沒有川味的辣豆瓣醬那麼辣，有一點點辣，而且甜味稍重些。八寶，並沒有限定哪八寶，只要有很好的配料，一起燒出來，這個菜麻煩的是，食材多，每種料的成熟度不一樣，每種料需要先處理好，再合在一起，以豆瓣醬、甜麵醬炒出來。

多種食材，把握熟度是關鍵

上海的說法是此菜源自什件辣醬，以豬的下水為主，濃油赤醬，很受勞動階層的歡迎，漸漸的，改成了有，蝦仁、豬肉丁、鴨胗、雞丁、筍丁、香菇、青豆、開洋、豆干、花生米等，看各家的喜好，只要對味，不衝突，就可以。

豬肚要先煮熟，開洋先以酒泡開，豬肉，雞丁是生的，蝦仁要漿過，花生仁熱水泡開去衣，筍丁也需燙熟，下鍋的順序，是這道成敗的關鍵，順序錯了，雞丁，豬肉未熟，豬肚咬不動，蝦仁硬梆梆的，豆乾沒入味，青豆也沒熟，好的成菜，食材都該入味，該嫩的嫩，脆的脆，吃在嘴裡，各有各的滋味，不要分不出來或是嚼不動，那就砸鍋了。

這是道下里巴人的家常菜，在蘇州高檔酒店少列在菜單上，但在蘇州的麵館，大概都會有這道澆頭，拌麵，配飯，很適合，上菜時，搭個發麵荷葉夾，像刈包一樣，只是從一大塊燒豬肉，換成了山珍海味的八寶了。

最是挑食，蘇州人

蘇州人，講究吃，也精於吃，並不是吃高檔的燕、翅、鮑，而是講究「季節」，在對的時間，吃對的食物，季節一過就不吃了，市場也賣不出去，就算是當季的時蔬，外地來的與本地的，也分的很清楚，蘇州人的挑食，會在中國大陸那麼有名，除了是千年累積下來的，最主要是陸文夫先生，陸文夫已過世多年，他曾任中國作家協會副主席，也是魯迅的弟子，陸先生一生只寫蘇州，尤其是對蘇州的飲食文化，更是記載的精彩，於 1983 年寫了一本《美食家》的中長篇小說，後來改編成電影，電視連續劇，這樣蘇州人的挑食，才揚名天下。

舉個蘇州人吃蠶豆的要求，蠶豆，古稱寒豆，是張騫通西域時帶回來的，早期也叫胡豆，會叫寒豆是因為，前一年的秋天下種，要過寒冬到了隔年的春夏之交的時候，才吃當地的新鮮蠶豆，可清炒、炒雞蛋，或以雞湯底，打個蠶豆湯，蘇州當地的蠶豆，不夠吃，從周邊縣市來的就叫 (客豆)，那是不得已的選擇，在台灣幾乎吃不到新鮮蠶豆，如果買到了，比牛裡脊肉還貴，蘇州人講究剝蠶豆，是不洗蠶豆莢，要洗乾淨的是剝蠶豆的雙手，剝好的蠶豆，也不握在手裡，因為怕手溫把蠶豆焐老了，這是蘇州人的講究，如今……說笑了。

大廚
教你做

八寶辣醬在最後翻炒階段時，需隨時翻炒，方能避免黏鍋。

• **食材**

蝦仁80g、花生米50g、豬腿肉80g、鴨肫粒50g、小豆干100g、雞腿肉100g、鮮筍80g、毛豆20g、乾香菇80g、熟豬肚丁100g、冬蝦米30g

• **佐料**

辣豆瓣醬50g、甜麵醬100g、砂糖30g、熟豬油150g、蔥50g、米酒10g、醬油少許

• **做法**

1. 豬腿肉、雞腿洗淨切成小丁，鴨肫去膜切小粒狀，豬肚清洗蒸透待涼切小丁，冬蝦米去殼略洗，加米酒醃浸。
2. 香菇以水泡軟後切成小丁；鮮筍煮熟，切成小丁，小豆干切成小丁，蔥切小段；花生用熱水泡漲後將殼衣剝除。
3. 鍋中入熟豬油，將蔥段爆香，倒下辣豆瓣醬30g，炒至醬香四溢時盛起備用。
4. 鍋中又入油煮沸，先炒蝦米，隨即下豬肉丁、雞腿丁煸炒，至微黃色時起鍋，再入鴨肫粒、熟豬肚丁，稍加醬油和水。煮至肉醬酥時，豆干、筍丁、蝦仁、花生、毛豆等一併倒下，加辣豆瓣醬20g和甜麵醬翻炒，砂糖酌加後炒勻，加少許水煮沸，待湯汁收乾後盛起，即可供食。

1

3

材料

八寶辣醬的食材非常多種，能夠組成豐富的口感，在烹煮的過程當中，須注意每種食材的不同特性，方能在適當時間讓食材全部熟成。

花生米
香菇丁
鴨肫粒
小豆干丁
辣椒末
毛豆

豌豆雞絲

蠶豆，又叫寒豆，蘇州的市場叫法是寒寒豆，上海，蘇州的方言，豌與寒的音很像，就叫成了寒豆，兩種豆的生長期很近，豌豆的顆粒較小，所以成了小寒豆，豌豆也是舶來品，應該是張騫通西域帶回來的，古時有很多名稱，春秋時叫戎菽，唐朝時匈奴的後代叫回紇，也叫回回豆、胡豆。

台灣有個與大陸不同的叫法，荷蘭豆，是否荷蘭佔領台灣期間傳入的？一般說荷蘭豆，是豌豆仁尚未成形時的豌豆莢。豌豆仁可說是配什麼都能搭，冷凍蔬菜裡少不了它，炒個飯，添加一些豌豆，好看也好吃，老的豌豆仁可做豆沙，如北京的甜點豌豆黃，而在台灣冬天最貴的蔬菜，就屬豌豆苗了，因為豌豆生長期性冷，在夏天就吃不到嫩的豆苗。

新鮮的豌豆仁，手工剝，費事，少了豆莢的重量，價錢就貴，過了季節只能吃冷凍的滋味，價位差多了，而屬於同種的甜豆，就更貴，前兩年看了一則社會新聞，台北有名的浙江館被客訴，炒了一盤大的豌豆蝦仁，要一千多元，網路上一陣撻伐，罵翻了，不知後來是店家如何解釋的，但新鮮手工剝的甜豆仁，進價一公斤就要上千元了，一公斤也就炒個幾份而已，何況是豌豆蝦仁、豌豆雞絲等，這些菜，吃的就是新鮮的豌豆，這個菜才會有價值。

古時，蠶豆即是碗豆

蘇東坡的好友，也是世交，巢元修，他寫了一首詩，讚美豌豆苗，用的是巢菜或元修菜這的典故，晚了幾十年的林洪，在寫山家清供時不知巢菜、元修菜的來歷，寫了篇文說他是如何得知元修菜的來源：「東坡有故人『巢元修菜』詩，每讀『豆莢圓且小，槐芽細而豐』之句，未嘗不置，搜畦隴間，必求其是，時詢諸老圃，亦罕能道者，永嘉鄭文干歸自蜀，過梅邊，有叩之，答曰：『蠶豆（古稱蠶豆即碗豆）』，即豌豆也，蜀人謂之巢菜。」

這段話說的是，同樣在宋朝，過了幾十年後，林洪已不知巢菜的來歷，好不容易問到了一位從四川來的人，才知道巢菜，就是豆苗，林洪很感慨的說，君子恥，一物不知，必遊歷久遠而後見聞博，讀東坡詩二十年，一日得知，喜可知也。

說太多了豌豆，因為雞絲實在沒啥可說的，雞絲用的是雞脯，即雞胸肉，台灣人並不喜歡雞胸肉，粗糙沒味道，沒有雞腿肉來的有彈性，其實，雞胸肉片成的雞片、雞絲來炒菜，只要漿得好，過油的火侯抓得準，炒出來的雞絲，也是滑嫩可口好吃。

豌豆炒雞絲，或豌豆燴雞丁，一個勾芡，一個不勾芡，但都會加一點火腿丁，來增色添香，記住主角都是豌豆啦！

大廚
教你做

此道菜肴需進行「油泡」，意指在油溫到達 70 ～ 80°C 之間時，將食材放入並進行攪拌，這一個技法在後面的料理中也會出現。

• 食材

雞胸肉200g、豌豆仁60g、金華火腿末5g

• 佐料

蛋清1個、米酒30g、鹽2g、砂糖20g、太白粉30g、高湯20g

• 做法

1. 雞胸肉順紋切細絲，以清水撈洗，瀝乾水份，備用。
2. 取一容器，將米酒、鹽、糖拌勻，加蛋清、雞絲醃漬15分鐘再加入太白粉拌勻。
3. 豌豆仁汆燙備用。
4. 鍋內放入約5分滿的油，熱油後，約在油溫60～70°C時放入雞絲，並以筷子攪拌，待雞絲成乳白色時，約5分熟，起鍋備用。
5. 將雞絲與豌豆仁、高湯拌勻，即成。

鍋巴蝦仁

鍋巴蝦仁，先談鍋巴，再談菜名的傳奇，約 1600 年前，南北朝，蘇州人陳遣在地為官，喜食鍋底飯，每次公出時，都喜歡帶些鍋底飯，那時沒有餅乾等乾糧，可於途中小食，帶著鍋巴吃，是個好主意，好吃、健康又便宜，陳遣是個孝子，常將鍋巴作為零食帶給母親吃，因此記載了鍋巴的食用。

現在大概除了煲仔飯，韓國拌飯，已吃不到鍋巴，餐館裡有鍋巴的菜色，都是叫來的成品，不太可能自己做鍋巴，叫來的鍋巴，也有好處，就是做的厚薄平均，大小亦可有個標準。

正統上菜法，平地一聲雷

做這道菜，不管是無錫的口蘑蝦仁鍋巴，還是陳果夫的茄汁蝦仁鍋巴，都是要油炸鍋巴，燴好的蝦仁，在最短的時間內澆在鍋巴上，滋啦一下的響聲，才能叫天下第一菜，也就是後來轟炸東京的別名，可惜現在去館子叫這道菜是靜悄悄的出來，一點聲音都沒了，記得小時候陪父親上餐廳，出這道菜的堂倌都是小跑步，兩隻手，一手燴蝦仁，一手鍋巴，到了桌前，一放一倒，色、香、味、聲俱佳。

在無錫，號稱天下第一菜，也叫平地一聲雷，實名是口蘑蝦仁鍋巴，口蘑用的是張家口香蘑菇，蝦仁是河蝦仁，不能太大，也不要太小，鍋巴用粳米，糯米皆可，薄些，均勻，先烘乾，再油炸，油溫要高，發漲快，不吸油，脆，這是無錫的做法。

梁均默先生生前說過：「黨國元老中有兩位美食專家」一位是曾任行政院長的譚組安先生，另一位是陳果夫先生（中國醫藥大學創辦人陳立夫的哥哥），譚知味而不知養，陳則味養兼知，是美食家中的專家，陳果夫曾任江蘇省主席，希望訂出一桌公認標準的江蘇菜，當時參予此事的唐魯孫訂了以下的江蘇代表菜：六合鯽魚嵌肉、南通的清湯魚翅、上海的圈子禿肺、如皋的火腿冬瓜盅、揚州獅子頭、大煮乾絲、鎮江清蒸鰣魚、肴肉、南京冬筍炒菊花腦、

小肚板鴨、楓涇紅燜蹄膀、無錫富貴雞、肉骨頭、蘇州醬肉、燻魚、熗活蝦、常熟醬雞、醬排骨、崑山洋澄大閘蟹、太昌酥炒肉鬆、江陰鳳凰包雞、淮城紅燒大烏參、泰縣脆鱔、燒鮰魚等。

既營養又便宜，稱「天下第一菜」

說了這麼多，就是為壓軸大菜，陳果夫先生所創的天下第一菜，陳果夫自述：他這道天下第一菜，先把雞湯熬成濃汁，蝦仁蕃茄爆炒，加入雞汁勾芡，油炸鍋巴，淋上滾燙的雞汁蝦仁，聲爆輕雷，色、香、味、聲，四者皆有，中看更中吃，果夫先生解釋：雞是有朝氣的家禽，蝦是能屈能伸的海陸水族，加上蕃茄，鍋巴，四物中，動物，植物各兩樣，動物是一水中，一陸上，植物一紅一黃，皆對稱，最後這道菜是既營養又便宜，這才稱的上是天下第一菜。

創此菜時，為抗戰期間，所以才有了轟炸東京的別稱，這道菜雖然是易做，好吃又實惠的家常菜，但沒有河蝦仁，鍋巴是公販的（沒人自製了），上菜時靜悄悄，雖然一樣的菜名，而風味盡失，吃的趣味、文化也沒了。

大廚
教你做

將做好的蝦仁料倒在剛炸好的鍋巴上時，會發出油爆聲，是這道菜的特色。

• 食材

蝦仁200g、鍋巴（小米）300g、荷蘭豆80g、蕃茄100g、鮮香菇70g、蔥段30g、薑片30g、筍片70g、紅蘿蔔片70g

• 佐料

蛋白1顆、太白粉10g、高湯200g、鹽10g、番茄醬30g、糖10g、果醋10g

• 做法

1. 蝦仁洗淨，用鹽、太白粉、蛋白1顆，拌勻醃漬10分鐘，荷蘭豆去頭、尾、梗，洗淨，燙熟後泡冷水備用。
2. 沙拉油200g燒熱，蝦仁入鍋泡至八分熟，撈起瀝油。
3. 鍋中留油少許燒熱，蝦仁、鮮香菇、筍片、紅蘿蔔片落鍋，大火爆炒，熟後盛起。
4. 以薑、蔥爆香，加入高湯200g煮滾後，加入番茄醬、鹽、糖、果醋，待再滾起時，用太白粉水勾芡，倒入步驟2完成的蝦仁、步驟1完成的荷蘭豆拌勻，盛起置於湯碗中。
5. 沙拉油500g再入鍋燒熱，投入鍋巴，用大火炸至膨脹，見呈金黃色後即撈出（油不要瀝得太乾），置於深盤中。
6. 與步驟4完成的蝦仁料一起迅速上桌，將蝦仁料淋在鍋巴上，即可食用。

砂仁清蒸牛腩

清蒸牛腩很多地方都有，大部分是吃原味的清蒸，不放辛香料，砂仁清蒸牛腩，強調砂仁這種辛香料，「砂仁」是多種薑科植物的統稱，廣東，南海一帶最多，有化濕，行氣，開胃的功能，號稱四大南藥，有特殊的香味，也有保健的功能。

清蒸牛腩，一般是切厚片出菜，要切成厚片，就只能用台灣的牛腩了，這次沒買到台灣牛腩，只好以進口的牛肋條代替，一樣都是牛腹腔兩側的肉，肉嫩，帶筋，熟了肉是不會散開的，清蒸就是吃原汁原味，帶著較多的湯汁出菜，湯汁也非常好喝，肉是本味，所以附兩種蘸醬，一種辣，一種鹹香，蘸著更好吃，有的館子是以魚鍋出，下面燒著酒精保溫，天涼的時候來一份，喜食牛肉的最愛。

牛腩，牛肋條，做清蒸的很少，但紅燒、清燉都常用，除了清蒸，吃的是本味，有酒、蔥、薑、的添加，不放辛香料，其他紅燒都是會加辛香料，八角、花椒、草果、桂皮、是最常見，目的是去牛肉的羶味與提香，加的太多，就成了藥補，蓋住了牛肉的味道。

烹調詩歌，自古便流傳

中國早期，文人都喜歡詩文，對於烹調上也有很多的例子寫成了詩歌，也好記，舉兩個例子與大家分享：

《葷大料》是一首西江月的歌訣：「官桂良薑蓽拔，陳皮草寇香砂，茴香各兩定須加，二兩川椒撿罷，甘草粉兒兩半，杏仁五兩無空，白檀半兩不留查，蒸餅為丸彈丸。」蓽拔是胡椒科，香砂就是砂仁，白檀為白旗檀，查為浮木，全句意思是：用官桂良薑陳皮草荳蔻砂仁茴香（八角）各一兩、撿過的川椒二兩、甘草粉一兩半、飽滿的杏仁五兩，白檀辦兩，共研為末，和成彈丸的大小一個，蒸熟備，這葷大料是用於葷菜的。

另一首十言絕句是用於蔬食素料的：「二椒配著炙乾薑，甘草時蘿八角香，芹菜杏仁俱等分，倍加榧肉更為強」二椒是胡椒、花椒，時蘿為小茴香，共記九種香料，香榧仁能多些更佳。

比起清蒸，紅燒在台灣更常吃到

台灣的牛肉麵，大概是全世界最精采的，這需要感謝前總統馬英九在當台北市長任內，推動牛肉麵節開始，郝龍斌市長八年，共計九屆，到了柯市長上任，才斷了這個牛肉麵節的推廣。紅燒牛肉是我們最常吃到的，其次是番茄牛肉，再來是清燉牛肉，清蒸牛肉太麻煩，成本也高，所以只能當菜吃。

提供一個私家的紅燒牛肉做法，一樣是少許的辛香料，有好醬油，可放些新鮮番茄、蘋果、洋蔥皆可，喜歡番茄味的也可多放番茄，其它不加，大概四到五斤的牛肋條，切成適口的大小，與一條約一斤半的五花肉，切成大塊如同爌肉大小，先燒半小時牛肉，再放豬肉，九十分鐘後停火，放個半小時再吃，牛肉豬肉合燉，各取其長，各有風味，市面上還未見，你可以試試看，如何？

大廚
教你做

砂仁清蒸牛腩的做法相對簡單，只要挑選好的食材，就能烹煮出食材的原味。

• 食材

牛腩肉1000g、砂仁10g、桂皮2g、廣陳皮10g、生薑50g、大蔥50g、牛高湯500g

• 佐料

米酒80g、紹興酒80g、鹽適量

• 工具

紗布袋

• 做法

1. 將砂仁拍破、廣陳皮以水泡開，備用。
2. 牛腩肉冷水下鍋，煮至水滾，汆燙去血水，取出洗淨備用。
3. 鍋中放入蔥、薑，牛腩肉，取一紗布袋將砂仁、桂皮、廣陳皮包裹，加入米酒、紹興酒與適量500g牛肉高湯。
4. 上蒸鍋，蒸1小時左右再以鹽調味，即可。

❷

羅漢素齋

中國人因為宗教的原因，把食物分成了葷、素兩大類，在某些特定的日子，只吃素，不吃葷，叫齋戒，佛教的葷，最早並不專指魚肉，而是有刺激性味道的蔬菜，如蔥、蒜、韮、胡荽（香菜），辣椒卻不算，因為辣椒是明朝傳入中國的。

佛教創始人釋迦牟尼與弟子，沿門托缽，遇葷則葷，遇素則素，並無禁忌，《四分律》云可食：「不見，不聞，不疑為我所殺之肉。」佛家最早說「齋食」是指：不准中午以後進食，沙門戒律，只禁午食，不戒淨肉，直到西元 511 年（天監 11 年），南北朝時的梁武帝蕭衍，集諸沙門，做《斷酒肉文》，下令全國沙門，永斷酒肉。

蕭衍這個皇帝為了信佛，虔誠到，平日只穿粗布、吃蔬食，連國家祭祀，只准用假牛羊來代替，絕不殺生，他三次脫龍袍進佛寺，底下的大臣只好每次再把他贖回當皇帝，蕭衍活到 86 歲，長壽，但他卻死得淒慘，一場政變，「侯景之亂」他成為階下囚，活活餓死，吃素是為什麼？他又修得什麼？

以前吃素為修道，現今吃素是環保

素食主義，一是佛教徒的慈悲之心，二是山居高士的淡泊之心，三是吃膩了葷食的貴族們嘗鮮樂趣，然而，現代最多的是環保健康的概念而吃素，早期素食大概是分為，一是寺院素食，二是宮廷素，三是民間素，如今宮廷不見了，而落在民間的素食成了新趨勢，寺院的素食更是進步，住持們，不都是紅光滿面，唇紅齒白嗎？

清初李漁說的好：「膾不如肉，肉不如蔬」，這是漸進自然之故，草衣木食，乃上古之風，人能疏遠肥膩，食蔬蕨而彌其甘，所推崇蔬食第一名是筍，取其鮮，第二名是蕈，菇類，香而鮮，第三名是蓴，即莼菜取其清。

宋朝時林洪的《山家清供》也是提倡蔬食為重，書裡說的有「山家三脆」，指的是嫩筍、小蕈、枸杞頭，入鹽湯，汆一滾即起，辣油、醬油，胡椒鹽、醋，拌而食之。另有「漁夫三鮮」，蓮子、藕、菱三物，這三種是水塘中的鮮物，可鹹可甜，尚有一物叫「玉帶羹」，筍片與蓴菜所做的玉帶羹，筍片似玉帶而名，看來古人的心意是相通的，隔了數百年，亦有同樣的喜好。

羅漢素齋，不受限是哪個地方菜，使用的食材也不受限，只是多種食材的調配，考驗的是廚師的功力。

最後要提的是，林洪在山家清供裡替鮮筍取了個好聽的名字叫傍林鮮，原文如下：「夏初，林筍盛時，掃葉就竹邊煨熟，其味甚鮮，名曰：傍林鮮。」只是他是何時掃竹葉呢？在台灣挖筍是天未亮時，太陽出來筍也老了。

大廚
教你做

這道料理的食材相當多元，因此在烹煮過程中要注意下鍋順序，避免食材熟度不一。

• 食材

香菇50g、猴頭菇60g、木耳50g、蘆筍80g、荷蘭豆100g、菜心50g、百果80g、荸薺50g、烤麩20g、玉米筍50g、牛蕃茄1粒、青江菜心5顆

• 佐料

高湯200g、醬油適量、沙拉油適量、糖適量、鹽適量、香油適量、太白粉適量、薑汁適量

• 做法

1. 將香菇、荷蘭豆、荸薺、蘆筍、玉米筍、牛蕃茄分別用沸水汆燙至熟，備用。
2. 青江菜心5顆由中間剖開，汆燙備用。
3. 取鐵鍋一支，上旺火燒熱，加入沙拉油燒至七成熱時，將香菇、猴頭菇、木耳、蘆筍、荷蘭豆、菜心、百果、荸薺、烤麩、玉米筍下入鍋內煸炒，然後加入鹽、醬油、白糖、薑汁、高湯調拌均勻。
4. 以旺火等湯汁燒沸後，改以小火燒，見湯汁開始減少時，將太白粉水淋入鍋內，隨後將香油淋入，即可裝盤上桌。

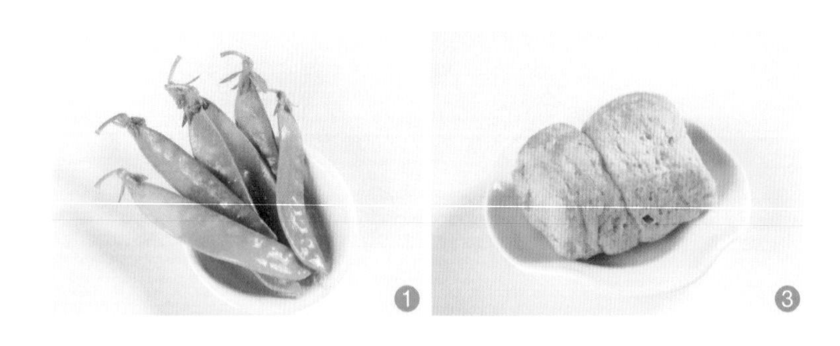

陽澄湖大閘蟹

陽澄湖大閘蟹，還是蒸（真）的最好吃，先從正名談起，正式的學名是中華絨螯蟹，並不是只有陽澄湖有，只是陽澄湖水質好，名氣大，所以有正宗陽澄湖大閘蟹的說法。

聽聽蘇州人怎麼說：「生時看貌，熟時看水」貌，青殼、白肚、黃毛、金爪，健康的蟹，爪特別有力，拿塊光滑的不鏽鋼板，頃斜 50 到 60 度，蟹一樣爬得上。說到這，有位好朋友在十幾年前，引進大閘蟹，在新店山區養殖，水質與氣溫皆宜，但沒有經驗，第一次養，環境好，氣候合宜，所以養得很好，也很快的長大，只是到了快收成的時候，每次尋池子，怎麼覺得越來越少了，最後，蟹都不見了，百思不解，問了大陸的養蟹同胞，回說：「你養的池子有沒有蓋網子」，朋友回：「沒有啊！」大陸同胞笑說：「牠們都跑（爬）光了」朋友苦笑地說：「他 X 的，要走，也不打聲招呼！」

搭配鎮江醋，才是絕配

熟時看水，蒸熟的蟹，一掀蟹殼，不見水，蟹肉是緊實，肺呈乳白，蟹黃是桔紅。蘇州人吃大閘蟹，首選是蒸，連紅樓夢裡的姑娘們，吃蟹都是蒸的，而且一定要自己剝來吃，才是那個味，有的蘇州人吃大閘蟹什麼都不蘸，吃的就是蟹肉清甜，但大多數的蘇州人，還是有蘸醬汁，蘇州人只用當地的蝦籽醬油，用當地的蝦籽（卵）與當地的醬油調製，再加上隔壁的鎮江醋，這就是吃蟹的天下第一絕配。

大閘蟹，大家都是這樣叫，蘇州人、上海人、台灣人、香港人，有華人的地方都這樣叫，也這樣寫，但為什麼叫大閘蟹呢？有何意義？上海人，薛程勇先生寫了本書叫《說魚道蝦》解開了這個謎，清朝，顏祿寫了本記載蘇州地區，風俗習慣的書《清嘉祿》：「湖蟹來潮上，簖漁者捕得之，擔入城市，居人買以相饋贈，宴客佐酒，有『九雌十雄』之目，謂九月團臍佳，十月尖臍佳也，湯煠而食，故謂之，（煠蟹）煠ㄓㄚ ˊ，音閘。」

上海與很多方言，仍把水煮唸成 sa，就是水煮之意，看到這裡，各位讀者再想想，台灣閩南語 sa，是不是煮的意思呢？所以最早江浙一帶說，湯煠而食，就是煮來吃的意思，而煠與閘同音，煠字少人用，於是煠蟹，就成了閘蟹，上海人又加了大，也是語音之故，才成了現在的「大閘蟹」。

民間習俗，忌與柿子、梨子同吃

吃大閘蟹，九雌十雄，九月團臍佳，十月尖臍佳，都是說九月雌的好吃，十月雄的好吃，九肚雌蟹，蟹黃，殼凸紅脂塊塊香，十月雄蟹蟹膏，脂膏如膠黏住嘴。

中國人吃蟹幾千年了，也不知誰是第一個吃的，真有勇氣，蟹也叫蝤ㄐㄧㄡ 蛑ㄇㄡ ˊ，蟳也是蟹，也叫無腸公子，其實蟹有腸子，但不能吃，蟹的胃裡有泥沙不能吃，蟹肺不能吃，蟹心最寒，更不能吃，所以吃蟹，喝酒，蘸薑醋，驅寒性，民間習俗更是忌與柿子、梨同吃，蟹一死，腐肉即產生毒素更不能吃。

在大陸季節到了，就會以蟹為主角宴客，曾吃了幾回，凡是有蟹，其它的菜就不重要了，要再多其它的海鮮，只是糟蹋，吃完蟹後，嚼些鹹菜蘿蔔乾，再喝些濃茶，漱個口，吃別的菜，才有味道，外行人吃蟹，有一堆小巧的工具，才吃的乾淨，蘇州人一隻蟹腳就可以吃完蟹，擺起來還是隻未曾吃過的原樣，吃的精彩，這就是蘇州人。

大廚
教你做

挑選螃蟹需先看外表，首先先找顏色鮮明、輪廓清楚、茸毛密挺的，再來便是要看青紫（背）、白肚、金毛。也可以用手指壓壓看蟹腳，蟹腳豐厚的話，身體就飽滿。再用手指輕敲螃蟹眼睛周圍，如果眼睛會靈活閃動，而且口噴泡沫，就是好蟹。

- **食材**

中華絨螯蟹1隻、老薑1塊、乾紫蘇葉少許

- **蘸醬**

鎮江醋100g、醬油180g、砂糖60g、薑200g

- **做法**

1. 製作蘸醬：以鎮江醋、醬油、砂糖調勻，薑剁成茸後加入，隔水燉20分鐘即可。
2. 煮蟹法：洗淨蟹後，置入盛滿滾水的鍋內，加老薑1塊，猛火煮之，即可。（6兩以上煮15分鐘，4兩以下煮10～15分鐘）
3. 蒸蟹法：水燒至大滾時，將蟹肚朝天放入蒸籠，上置洗淨乾之紫蘇葉蒸熟即可。（6兩以上的15分鐘，4兩以下的8～12分鐘）

乾炸響鈴

北方菜有乾炸丸子，川菜有軟炸肥腸，最常見的是炸排骨，炸雞腿是酥炸，乾炸響鈴，有可能是北方菜，在北宋遷至南宋時，帶來杭州的菜，響鈴是腐皮包肉末，捲起來酥炸而成的。

這道菜，講究的是火侯，炸出來的響鈴，一是賣相，二是口感，外型要完整美觀，色澤黃亮，口感是酥脆可口，腐皮酥香而脆，不焦糊，內餡適中，分佈均勻，內餡在包時，是抹上薄薄的一層，捲的時候要鬆，不能緊，炸起來才會酥脆，咬起來喀喀響，是形狀像響鈴呢？還是吃起來的聲音像響鈴而命名？

浙江的泗鄉，腐皮薄如蟬衣，色澤黃亮，豆味香濃，而且都是依古法手工製的，比較起來，台灣的腐衣是機器大量製作，也顯得厚多了，杭州的乾炸響鈴能夠那麼出名，也因泗鄉的腐皮，至今乾炸響鈴附上的蘸醬，還是甜麵醬與蔥、椒鹽這都顯示北方傳來的，響鈴的做法不變，但蘸醬是可多元呈現，泰式的甜酸醬，西式的酸醬油，都是不錯的搭檔。

曾經是年輕慈禧的最愛料理

慈禧太后身邊的女官，德齡寫了本《御香縹渺錄》，寫的都是慈禧身邊所發生的事，裡面記載，慈禧在年輕時最喜歡吃的一道菜是「響鈴」，作法是這樣：先把帶皮的豬肉，切成一方一方的小塊，放在豬油裡煎著，煎到肉上的皮，酥脆無比，放在嘴裡嚼起來，喀喳喀喳，酥香脆。北邊有的地方就叫這菜為響鈴，說穿了，這是炸豬皮，台灣叫爆皮（ㄅㄥ ˇ 皮），可用來做湯，苦瓜爆皮湯，是非常廉價的食材。

1989 年剛到中國旅行時，路邊的小吃，三鮮炒麵，裡面的一鮮就是皮渣（大陸的叫法）也就是炸豬皮，更有意思的是 2016 年，在紐約慶祝老同學 60 歲大壽，訂的是紐約米其林一星的餐廳 Blue Hill 請客，

中間有道菜看了半天不知道是啥？一口吃下去，大大的意外，就是慈禧的響鈴，吃的也只是原味，酥脆，沒想到的是，老美也吃豬皮，後來才知道，他們不但吃，而且在販賣機就可買到一包一包的炸豬皮，就像洋芋片一樣的普及，不經一事，不長一智，看來連美國人也不敢浪費食物了。

慈禧年輕喜歡的是炸響鈴，但我想那只是她老人家的零嘴，吃多了腮幫子都酸，無趣，到了老年牙齒咬不動了，就換成張東官為她做的櫻桃肉，新鮮櫻桃與豬肉同燒，燉得酥爛，這才是老人家最終的喜愛了。

中國菜講究的是色香味俱全，而徐師傅做的是整盤菜色的搭配，金黃的主體，畫盤的紅棕色加上蔥白與蘸醬，美的和諧，聞的豆香，立體的造型，爽脆的在口裡蹦出，真的是色、香、味、聲皆佳。

大廚教你做

包內餡時，記得要包得鬆鬆地，不要壓得太緊實，吃起來才會喀喀響，達到「響鈴」的效果。

• 食材

豆腐皮3張、蝦仁100g、碎肉泥100g、荸薺50g

• 佐料

鹽適量、酒適量

• 蘸醬

現成的甜麵醬、西式酸醬油或鎮江醋皆可

• 做法

1. 將半圓形的豆腐皮裁成1/4。
2. 製作內餡：碎肉、蝦仁和荸薺剁碎，再放點鹽、酒調味。
3. 抹上一層薄薄的內餡在豆腐皮上，再像春捲一樣包起來。
4. 放入熱鍋中炸到外皮金黃即可起鍋，趁熱沾醬食用。

1

2

3

南乳肉

腐乳肉，蘇州叫玻璃肉，紹興叫南乳肉，無論是上海地區，江浙一帶都有這個菜，主角是紅腐乳與五花肉。

中國發明了豆腐，很了不起，以黃豆製品代替肉的蛋白質，國父孫中山先生在《建國方略》裡說：「夫豆腐者，實植物中之肉料也，此物有肉料之功，而無肉料之毒。」發明豆腐就已經很厲害，豆腐乳就更神奇了，豆腐乳：大溪的豆腐乳，純台灣口味，北京王致和的臭豆腐乳（六必居，明朝開的店），有川味的麻油豆腐乳、紅油豆腐乳。紹興的有，醉方、紅方、白方、棋方、青方的叫法，醉方，黃亮，酥軟，酒味濃醇。紅方，又稱貢方，為明清時的八大貢品之一，色澤紅潤，鹹中帶甜。棋方，小巧玲瓏，如棋子般。白方則為本味，家家會做，青方，就是臭豆腐乳，因為紅方的出名，以紅方燒肉，就是紹興最出名的南乳肉。

紹興人對腐乳的名稱，統稱「霉豆腐」，發霉後長出來，傳說是這樣來的，很久以前，有家叫「謙泰」的醬園，老闆姓宋，他在市面上買豆腐吃，嫌貴，回家自己做（這個地方就是瞎說，豆腐在中國沒貴過），吃不完就藏起來不給別人吃，有次做得過量，沒吃完又放太久，長白毛了，老闆心疼想說不能吃了，很懊惱，老花眼不小心又撞破了酒罈子，小伙計拿著長白毛的豆腐，問如何處理？老闆就叫他倒掉吧！小伙計就近倒在破酒罈內，怕發臭，灑了把鹽，沒想到過了幾天，長白毛的豆腐發出了香味，成了另一種豆腐，豆腐乳就這樣產生了，我想這是紹興的地方傳說，別的地方會有不同的說法。

各地的做法、風味皆不同

以前，貧窮人家的恩物，一塊豆腐乳，夠全家人配粥，鹹又開胃，但並不知道是否有營養，如今也證實，雖然是發霉之物，如同發酵的醃製品，在酶的轉變與蛋白質的變化，形成它獨特的風味。

中國太大了，各地都有自己的風味產物，而五千多年的歷史，也吃的太久了，很多歷史上的名人，出版流傳下來的著作，也許在當時資訊不發達的年代，看似淵博而權威，但在今天在看來是可笑的，三百年前袁枚的《隨園食單》裡，腐乳那個單元寫的是：所有的腐乳是蘇州溫將軍廟前的最好吃，顏色黑而鮮美，蝦子腐乳很鮮美，但有些腥氣，廣西的白腐乳為上品，王庫官家製作的，味道也很美妙。這段話只表示，他懂的、看的、吃的太少了。

台灣大溪的豆腐乳有自己的風味，台北有麻油臭豆腐乳，比六必居王致和的臭豆腐乳好吃多了，從大陸來台的四川大媽們，做的紅油，川味豆腐乳，改良了家鄉味，少了鹽，但風味不變，卻更符合台灣人的口味。

南乳肉與東坡肉，霉乾菜扣肉，都一樣是下飯的菜，配饅頭發麵荷葉夾，一樣精采，徐師傅做的腐乳肉，不但有濃濃的南乳味，還加了紅麴醬，顏色漂亮，味更美！

大廚
教你做

這道料理內使用的是南乳汁 75g，若沒有南乳汁，可直接使用紅豆腐乳 3 塊取代。

• 食材

五花肉1000g

• 佐料

蔥段100g、薑片 50g、紅麴米20g、米酒200g、南乳汁75g（紅腐乳3塊）、生抽100g、紅露酒200g、冰糖80g

• 做法

1. 五花肉洗淨，放入鍋中，水淹過肉，加米酒、薑片20g，煮到肉約8成熟（即用筷子很容易插進去的程度）然後把肉切成四方塊。
2. 於炒鍋裡倒一點點油，把肉放入，煎炒到表面呈現微金黃。
3. 把生抽、南乳汁、紅露酒、冰糖放入，加入薑片30g和蔥段繼續煮至肉的外表裹上顏色。
4. 加入紅麴米，肉皮朝下，以小火慢煨2個小時到肉酥軟，盛出擺盤。
5. 把剩下的湯汁再次倒回炒鍋，濃縮醬汁到濃稠，然後澆在肉上即可。

米酒 ❶　紅露酒 ❸　南乳汁 ❸　❸　❹

響油鱔糊

響油鱔糊，響油是動詞，名詞主角是鱔魚（江浙地區很多都叫長魚），配角是韭黃、筍絲、茭白筍皆可。

先說明上海的清炒鱔絲，搭鮮筍絲，不澆油，也不響，寧式鱔糊，搭的是韭黃，而韭黃比鱔絲多，澆麻油，響阿！今天徐師傅做的是，配茭白筍，也澆油，也響，這些是很小的區別，但都不一樣。

鱔魚，北方少水田，所以極少，都是南方的產物，寧波的鱔魚出名，蘇州人也擅長，二十四節氣的小暑，要進入盛夏，蘇州人認為，此時是「小暑黃鱔賽人參」，吃鱔魚最佳的時候，但高陽先生在他的《古今食事》一書裡，卻道出了，最擅長做鱔魚的是安徽人，揚州很多大鹽商，都是來自徽州，徽州的館子，可做全鱔席，徽州人將鱔魚帶到揚州、江南一帶，漸漸世人不知，鱔魚是安徽菜，最有名的寧式鱔糊，更是從徽州演變而來。

澆油時發出響聲，稱作響油

鱔魚的黃黑顏色、香菜的翠綠、蒜末的白、火腿末的紅，所謂五色皆備，更是講究「菜油爆、豬油炒、麻油澆」最後澆的麻油，激發出蒜泥、香菜的香，而響是這麼來的：要熱要響，必須澆油，以前營養不足，油多可以接受，如今呢？還是可以澆油，否則響的趣味都沒了，但可以用少量的麻油，就達到效果。

烹鱔宜蒜，蒜泥，蒜碎，整顆蒜來燒都可以，在台灣幾乎只有一、二種鱔魚的做法，脆鱔很少見，大多是響油鱔糊，也叫寧式鱔糊，不然就剩下台南的炒鱔魚麵了。熗虎尾，用的是鱔魚的尾部，色黃而有環狀紋，就像老虎的尾巴。炒軟兜長魚，小鱔去骨，整條下去燒。燉生敲，鱔魚先炸酥再燒。大燒馬鞍橋，直徑 3 公分左右的大鱔魚，取中段，去骨後後炸成馬鞍的型狀，可與嫩筍或蒜苗同燒。後來有師傅創新與豬五花肉同燒，叫「龍虎鬥」，此為揚州名菜，有趣的是在乾隆時，揚州最

擅長燒此菜的是個和尚，在台灣是找不到這麼粗的鱔魚，怎麼燒得出來呢？

鱔魚現在可以養殖，以前皆為野生，有種黃色水蛇叫水悶子與鱔魚很像，有毒，不可食，李時珍的《本草綱目》記載：鱔魚大者有毒，不可食。乾隆年，興化地區有家人，放養鴨群，每日從一石橋下過，清晨去，傍晚回，每日過橋下皆少鴨一隻，起初以為雇工偷鴨，雇工喊冤，後來主人親自撐船趕鴨，從橋下過，只見橋下水花一泛，一隻鴨便下沉不見了，連續多日天天如此，主人與村民想，水底必有古怪，待冬日枯水期，將河道前後一堵，搬來水車，抽乾橋下的水，發現橋底，有個大洞穴，仍有深水，於是丟入生石灰，水即沸騰起來，不久，穴中竄出一龐然大物，落地而死，待一看清，乃一大鱔魚，約三公尺長，比碗口還粗，全村人樂得拿刀分食而回，當晚吃魚頭肉的皆死，吃魚身的則平安無

大廚
教你做

此次使用的是茭白筍，也可以搭配韭黃、或者一般筍絲，隨人喜好。

事，看來李時珍記載說：「大者有毒殺人」是真的！

• **食材**

鱔魚350g、茭白筍150g、薑80g、蔥100g、蒜末100g、香菜30g

• **佐料**

蠔油40g、老抽20g、醬油50g、砂糖50g、米酒100g、紹興酒50g、鎮江醋50g、高湯100g、鹽適量、白胡椒粉少許、太白粉少許、香油少許

• **做法**

1. 將蔥切細段或蔥末、香菜洗淨切段、薑洗淨切細絲或薑末、蒜洗淨後部分剁成茸、部分切末、茭白筍切絲。
2. 把醬油、老抽、米酒、糖、鎮江醋、白胡椒粉、太白粉水、高湯攪拌均勻，調成芡汁。
3. 鍋內放水，加入鎮江醋、鹽、米酒、蔥末20g、薑末30g，將水燒開後，放入活鱔魚並立即蓋上鍋蓋。
4. 水再次燒開時，改用微火煮至鱔魚嘴開、魚肉發軟，再撈入涼水中。
5. 取出泡涼的鱔魚，從頭部下方割去腹部老肉，去掉鱔魚骨，將其餘的鱔魚肉切成段，洗淨後放在開水中焯一下，瀝乾水分。
6. 炒鍋放香油燒熱，取出少許，再下蔥80g、薑50g、蒜末，煸香後，投入鱔段炒透，再倒入步驟2完成的芡汁，拌勻；淋上鎮江醋後把鱔魚倒入盤中，撒上蒜末、茭白筍絲、香菜段和胡椒粉，淋上熱香油即成。

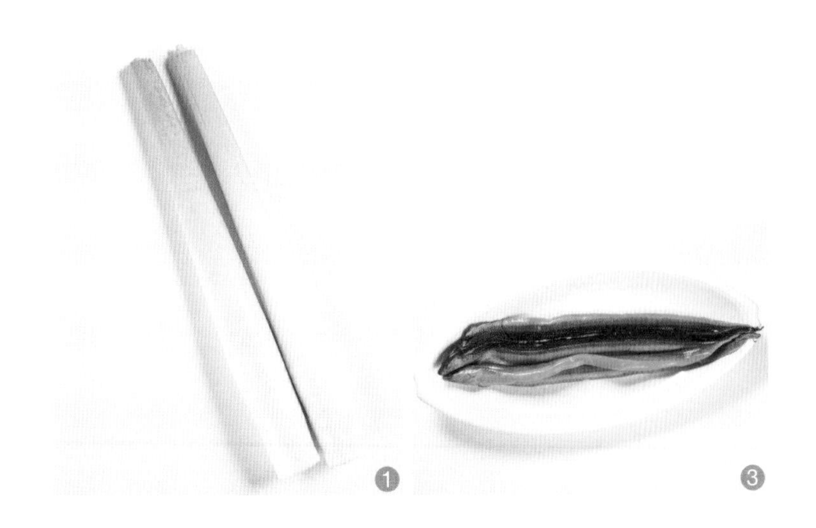

松鼠黃魚

糖醋汁是松鼠黃魚的靈魂，雖然叫糖醋汁，但糖味不能太甜，酸度也要有，酸甜適中才是這道菜的本味。

松鼠黃魚，造型像松鼠，用的是黃魚，大陸蘇州松鶴樓是以松鼠鱖魚名滿天下，更因為馮小剛前幾年的賀歲電影《私人訂製》裡面的一幕戲，外地人到蘇州的松鶴樓，一定會點一條松鼠鱖魚。松鼠黃魚除了造型像之外，而在澆上糖醋汁，會吱的一聲，如同松鼠的叫聲，現今的松鼠，都是啞巴，不叫了。

松鶴樓的松鼠頭是不斷的，連在一起，頭上揚，魚身如松鼠，尾巴要翹起，魚的處理刀工要好，剞（ㄐㄧ）刀要平均，而炸更是技巧，拎著尾巴先炸前半部，再炸後半部定型，台灣頭與身是分開下鍋炸定型。

糖醋汁，台灣早期的做法是不加番茄醬的，現在石門水庫吃活魚，還有人這麼做，各位想想，哪有這麼紅的松鼠，沒有番茄的糖醋汁，是否更像松鼠？

1983 年前，糖醋汁並不加番茄醬

清代，叫松鼠魚，是不用番茄醬的，大陸直到 1983 年，蘇州松鶴樓名廚劉學家在北京參加「全國烹飪名師烹調技術表演鑑定會」以番茄醬加蝦仁的改良糖醋汁，一炮而紅，從此在大陸的松鼠魚，就沒有不加番茄醬的糖醋汁了。

清朝時，用的是黑魚，台灣叫烏溜，直到民國初年，南京清

真館改成鱖魚，成為該店的四大鎮店名菜，至此以後就用的是淡水中的石斑，鱖魚（也叫桂魚）。

1975年，在馬祖當兵，外島的兵，配有口糧，有牛肉豬肉罐頭，牛肉罐頭還不錯，但是肉太瘦，而豬肉罐頭是搶手貨，軍、民皆愛，味道好，又有油脂，當時馬祖老百姓的生活清苦，很少有豬肉吃，他們大多都是漁民，在近海打漁為生，而媽祖島介於福州之間的海域，是黃魚迴游的通道，拿著豬肉罐頭，在傍晚的時刻，走到部隊下方的「鐵板漁港」用罐頭換現流仔的大黃魚與百利魚，現在野生的黃魚，特別是大到兩斤以上的野生黃魚，看看就好，想買也買不起，有時候想看也沒有。

黃魚耳內有石，被戲稱是石頭腦袋

黃魚有大、小黃魚之分，為石首科魚，魚身中間一根大刺的蒜瓣肉，叫石首科是魚腦袋裡有兩枚石頭而得名，「耳石」就是耳朵的作用，是聲波接收器，如同聲納搬，以此來認方向的。

三、四十年前上海的黃魚多也便宜，上海人罵人：「儂只黃魚腦袋，奈能介笨啦，放了儂幾遍，到現在還勿清爽」黃魚腦袋就是石頭腦袋的意思，罵你笨的啦！

黃魚因為顏色而取名，也叫黃花魚，但到福建沿海卻叫黃瓜，福州的餐館，有清蒸黃瓜，糖醋黃瓜，松鼠黃瓜，黃瓜能清蒸？弄清楚才知道黃瓜就是黃魚，不知是福州土話呢？還是以前黃魚汛時，正是黃瓜上市，三十年前黃魚汛時，福州還是黃魚受益者，從門前過，大抓特抓的，到現在都絕跡了，到了鯗燒肉時，再來談最好的黃魚乾，「鯗」是怎麼來的。

大廚
教你做

這道菜的刀工精細，需用刀切出麥穗形花紋，需要長時間的練習與經驗累積。

• **食材**

黃花魚1條（約600g）、黃甜椒丁50g、青豆仁40g、烤過的松子40g、沙拉油800g、豬油50g、雞湯60g、香菜6g、太白粉70g

• **佐料**

砂糖60g、米酒15g、醬油15g、白醋40g、蕃茄醬100g、蔥末5g、薑末5g、蒜末5g、鹽適量、胡椒鹽少許

• 做法

1. 將黃花魚的鱗、鰓去掉，割下魚頭另放。開背掏出內臟，洗乾淨後，用刀順脊骨片成僅剩魚尾相連的兩半，把脊柱骨和小刺全剔除掉。然後，在2瓣魚片的靠內臟面，用刀剞成麥穗形花紋（深0.5釐米、寬0.3釐米）
2. 撒上一層胡椒鹽，淋上一層米酒，略醃漬20分鐘後，塗上一層加水太白粉。
3. 鍋內倒入沙拉油，放在旺火上燒熱，先把魚頭炸一下，撈出後用刀劈開擺盤。當油開始冒青煙時，把魚放入炸成焦黃色，撈出來，與炸好的魚頭對在一起平放於盤中。
4. 將米酒、醬油、雞湯、砂糖、白醋、蕃茄醬、鹽加在一起，調成芡汁待用。鍋內留少許油，燒熱，先放黃甜椒丁、青豆仁，再放入蔥、薑、蒜末，煸炒幾下後，倒入調好的芡汁。
5. 芡熟（滾開起泡）以後，滴入豬油50g，攪拌均勻後澆在步驟3炸好的魚身上，再灑上松子即成。

TIPS **如想要皮酥肉嫩、甜酸醇鮮，要掌握好炸魚的火候及油溫。**

無錫肉骨頭

好肉出在骨頭邊，説的是排骨肉最好吃，尤其是子排、上排，一根直骨帶著軟嫩適中的肉，無錫肉骨頭就是用這個部位。

1989 年第一次到無錫的湖濱飯店，店裡的招牌菜，肉骨頭，用的卻是帶著軟骨的肉骨頭，一塊肉中兩根軟骨，一隻豬大概也就取個三到四斤的份量，台灣沒有取過這個部位的肉，燒的極佳，肉嫩入味，就是甜了點，沒話說，這標準的無錫菜。

無錫人：「惠山泥人肉骨頭，小籠饅頭油麵筋」惠山泥人不能吃，而油麵筋前面談過了，小籠饅頭與上海、蘇州的都不一樣，現在談肉骨頭，太多傳說肉骨頭的由來，是濟公愛吃而變的，聽聽無錫當地的說法：

無錫城裡有個富裕的員外叫尤全金，他長的肥滋滋，好像油快滴出來的樣子，大家叫他油全身，油全身每天要吃五餐肉骨頭，養的狗也吃五次肉骨頭，但家裡的幫傭卻是一點肉也吃不到。

傳聞因濟公愛吃而變出的料理

一天，他家的廚子陸小生的老婆病倒，因為長期吃不飽，營養不良，嚴重到快昏迷的狀態，陸小生回家，看到老婆呻吟著：「想吃，吃飽了，死也甘願」，陸小生聽了心痛極了，想著，老婆活著四十多歲，卻連肉都沒吃過，死也不瞑目，無論如何要想辦法弄些肉給老婆吃，回頭去找員外油全身，預支工資買些肉，沒想到油全身不肯，還說風涼話：「窮人吃啥肉，啃啃骨頭就不錯啦！」陸小生無奈，往回走摸摸口袋尚有三個銅錢，買了幾根骨頭，回家燉骨頭吃吧！沒想到家裡連柴火都沒了，又出去找柴，一出門看到門口有張破草蓆，想起昨晚有個叫化子睡在這稿薦（草蓆）上，於是拿著稿薦往

灶裡一塞，燒了起來，沒有想到，過一會兒，鍋子裡的骨頭味，就滿室生香了，開鍋一看，濃油赤醬，油光閃亮，骨頭也長出肉來了，盛了一碗給老婆吃，精神好了，病也沒了，第二天就可下床，自此，陸小生再也不去油全身那幹廚子，自己擺個小攤，賣起肉骨頭，因為姓陸，靠的是稿薦燒的肉骨頭，就成了陸稿薦肉骨頭名號的來源，談到這裡，應該聯想到那破稿薦是誰的了嗎？就是濟公的啦！

無錫肉骨頭就是醬炙排骨的做法，熱吃冷食皆宜，以前從南京坐火車到上海，途中經過無錫火車站，蜂擁而上的不是賣便當，而是賣小籠饅頭與三鳳橋的肉骨頭，大概陸小生當年是住在三鳳橋吧！

第一次到無錫去，是受人之託，從台灣帶封信去，轉達送到，當時是剛開放的 1989 年，主人好客，留下來吃頓家常便飯，吃什麼菜，全忘了，只記得甜、甜、甜，連湯都放糖，比台南的菜有過之而無不及，1990 年路過無錫吃了頓飯，還是一樣，不知如今？

在台灣以無錫之名的菜一是無錫脆鱔，二是無錫肉骨頭，兩者口味偏甜，糖是富裕人家的代表，是奢侈品，並不是只有台南口味偏甜，歐美大陸在百年前，糖也是貴族才用得起，我想無錫菜的甜，應該也是這樣來的。

大廚
教你做

這道料理在選肉時，須盡量挑選「中肉型」，也就是要去除腩排上方較肥、較多油脂的部分。

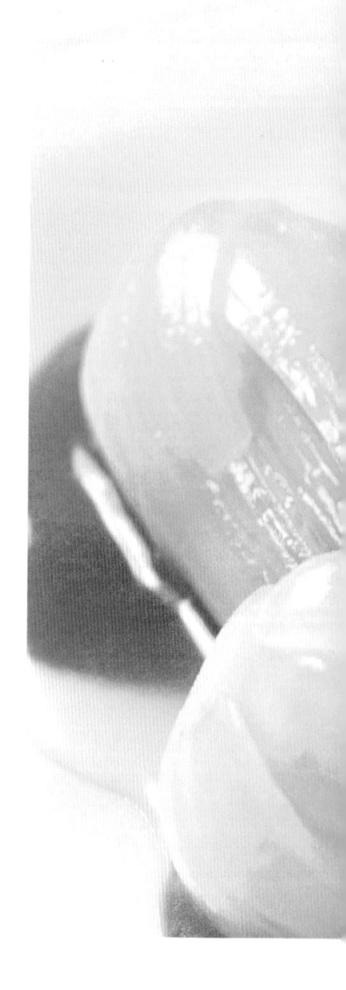

• 食材

豬肋腩排3000g

• 佐料

冰糖300g、米酒300g、紹興酒400g、老抽60g、醬油50g、甜桂花醬20g、蔥結100g、薑塊150g、紅穀米適量、八角適量、桂皮適量、花椒適量

• 醃料

鹽20g、糖0.8g

• 工具

竹箅1個（可用竹筷取代）

• 做法

1. 腩排斬成長條塊，用鹽：糖（1：0.4）拌勻，放入容器醃12小時左右。
2. 隔日將醃漬好的排骨取出用清水洗淨，放入鍋內加清水煮滾，再用滾水汆燙過撈出洗淨。
3. 取一鍋放入竹箅，將排骨整齊排在鍋中，加米酒、紹興酒、蔥結、薑塊（拍鬆）、紅穀米、八角、桂皮、花椒再加適量水，蓋上蓋，用大火燒滾後，轉中火熬煮30分鐘。
4. 後加老抽、醬油、冰糖、甜桂花醬，再加蓋用小火煮透。
5. 以小火慢煨收湯汁至濃郁，盛盤碟內即可。

桂花醬

鯗燒肉

鯗ㄒㄧㄤˇ，醃漬後又被吹乾的魚叫鯗，江南沿海一帶的區別方式，是風乾的黃魚叫白鯗，醃漬的黃魚叫鹹鯗，台灣風行的一夜干，也可叫鯗。

先說說鯗字的由來，《康熙字典》中提到《吳地記》講：「闔閭入海，會風浪，糧絕不得渡，王拜禱：見金色魚逼而來，吳軍取食，及歸，會群臣，思海中所食魚，所司云：暴乾矣。索食之甚美，因書『美下魚鯗字』。」意思是：戰國時期，吳國國君闔閭率軍隊從海路進攻越國，遇風浪而暫駐海邊，時久，糧食供應不上，然吳王闔閭向上天祈禱，希望老天爺幫忙，果然成群之金魚游來，多到躍上船來，吳軍靠這即時魚，解決了糧食的困難，最後順利渡海打敗了越國，班師回朝後，吳王想起那些不捕而獲的金魚，問，回曰：多下來的魚醃漬風乾儲存下來，以備不時之需，並呈上魚乾，吳王當場吃了，覺得不同於鮮魚的美味，而勝於鮮魚，於是提筆寫下了「美下的魚」鯗，傳到今日，兩千年來美字少了一橫，成了現在的鯗字。

為了保存而產生的魚乾

以前沒有冷凍冷藏設備，無法製冰，打上來的魚，須保持不腐壞，就是風乾與醃漬，用大量的鹽來醃製，最容易保存，但風乾，則需在極短的時間內脫去水份，日照強，乾燥而有風，鮮魚才能在不抹鹽的條件下，製成白鯗，即無鹽的乾魚，能保存而不鹹，至於鹹鯗，用了大量鹽來醃製，更容易保存，但在烹飪時則麻煩多了，先要去鹽分，浸泡稀釋的糖水，待鹽味淡化後，瀝乾，再以豬油煎焦香，定型，才能與肉同燒，一般人買到鹹鯗處理不當，就燒不出魚的香味與肉的腴潤。

台灣鯗的品種極少，黃魚鯗更少，至於不帶鹽的白鯗，大概都是偷渡來的，前幾年到浙江的寧波旅遊，順便去了普陀山住了一晚，隔天一早逛當地的市場，看到了震撼的場面，簡直是魚乾大賽，黃魚、鯧魚、帶魚、墨魚、還有米魚（比目魚）及不知名的魚太多，一問之下，才知這裡是浙江鹹魚的產地，自古以來皆醃漬各種捕撈上來的魚。

鯗不是只能燒肉，杭州地區也用來燉雞，鮮香無比，而台灣的鯖魚炒飯，粵菜的鹹魚雞粒豆腐煲，寫著，口水都流下來了，徐師傅這道鯗燒肉，不但鯗的味道鮮滑，而紅燒肉更是軟嫩適中，添些鵪鶉蛋與筍乾，吃起來更是口感豐富又均衡。

紹興地區的鯗，是非常出名的，也很普及，所以發展出了一道菜，以鮮魚與鹹魚合蒸，叫「清蒸文武魚」好吃，很受歡迎，在台灣尚未見到這樣的做法，如果有館子願意推這道菜，我倒願意替這道菜取的更貼切的菜名，叫「生死戀」，您說對吧！

大廚
教你做

黃魚鯗有的很鹹，有的很淡，較鹹的黃魚鯗就不用加鹽了，較淡的黃魚鯗則需要另外加鹽，做菜的時候根據情況自行掌握就好了。

• 食材

五花肉500g、黃魚鯗200g

• 佐料

薑塊50g、小蔥結100g、小蔥花50g、老抽80g、淡醬油40g、豆瓣醬30g、米酒100g、黃酒200g、冰糖適量、豬油適量、糖適量

• 做法

1. 五花肉先汆燙定型，洗淨後切成小四方塊，黃魚鯗需事前泡濃度20%的糖水2小時進行軟化、鹽味淡化，切成塊再瀝乾水份備用。
2. 鍋裡放豬油燒熱，用來去除魚腥味，改中火，放入黃魚鯗塊，煎至兩面呈金黃色後取出備用。
3. 鍋內洗淨後重新入油，燒熱後下入五花肉煸炒出香味、加入薑塊和小蔥結。
4. 再加米酒、黃酒，再加適量老抽、淡醬油、豆瓣醬及清水大火燒開，並撇去浮沫。
5. 蓋上鍋蓋用小火燜煮60分鐘後放入步驟2完成的黃魚鯗，小火燜煮半個小時後再加入冰糖調味。
6. 轉大火把湯汁收至半乾時即可出鍋，裝盤後撒點蔥花點綴一下就可以上桌了。

TIPS **如果把處理好的黃魚鯗再用豬油煎一下，除了更甘香外，還能去腥氣並且不容易碎。**

1

5

Chapter 3

/

喝湯

有清湯、羹湯

吃中菜，喝湯是壓軸好戲，蘇杭菜裡的湯，文氣十足，清湯手工魚圓，講究的是有碗好的清湯，手工魚圓更是與台灣所吃到的魚丸不同，新鮮的淡水魚，刮魚茸，去魚刺都是繁瑣的事。

春天的薺菜，那股味就是春天的氣息，草魚肚的手工魚米，濃厚中帶著鮮香味，杭州的火踵神仙鴨，是鎮店的大湯，加餛飩手工魚圓，再來個干貝吧！最重要的是金華火腿的錦上添花。

自家醃的南肉，冬風吹到春天的味道，林子裡冒出的春筍，家家戶戶來鍋醃燉鮮。

杭州少了西湖，也就沒戲唱了，樓外樓的宋嫂魚羹，西湖畔的雞火蓴菜湯，張翰為了喝口家鄉的蓴菜湯，連官位都不要，多大的魅力，到了冬天，羊肉上市，奶湯的藏書羊肉，還是來鍋岡山羊肉呢？喝湯是中國人吃飯的完美結束，怎麼搭是有學問的。

清湯手工魚圓

分兩部分談：先說清湯，再談手工魚圓，「唱戲的腔，廚師的湯」，一位廚師如果連湯都吊不出來，是做不好菜的。

中國菜的廚師講究湯的品質，西餐也是如此，可惜的是，現在要吃到餐廳自製的的高湯，太難了，追究其原因，一是人工薪資的上漲，二是空間的不足，第三才是最重要的「懶」，現成的粉一兌，就大功告成了，好的高湯就是要下功夫，需要時間的魔力才能成事，現代人太趕，連吃飯這檔事都是速成了事，怎會吃到好東西？

「無湯難成菜，無菜不用湯」，從前的餐館，廚師上班後先熬湯，取下剩餘的一些骨架邊角料，皆不浪費，再次利用燉成高湯，可供一天的使用，至於高檔菜的上湯，內容物就不一樣了，食材：老母雞、鮮肉，火腿、干貝等，川菜裡的開水白菜，開水指的是清澈的上湯，雖外表清澈，卻湯濃醇腴，一點也不寡味，清湯手工魚圓，亦是如此。

名菜傳說，與秦始皇有關

再來談談手工魚圓，魚圓、魚丸是一樣的意思，中國人在過年的年菜裡，一定有圓子，象徵著團圓與圓滿的喜氣，機器製成的圓子，一秒鐘大約可做出五、六個，而手工魚圓，從魚的挑選，必須是新鮮的，冷凍過的魚是無法做手工魚圓，取魚肉、剔刺到刮魚茸，添薑汁、鹽、蛋清與水的比例，都是眉角（台語），手工就是手打，打到手都快斷了，幸好現在有慕斯機，一個個的魚圓，用純熟的技術，手擠出大小幾乎一樣的魚圓，在溫水中一過才算完工，能用魚骨、魚肉吊出來的高湯最佳，雞湯亦可，但要求湯一定要「清」，這樣一碗清湯手工魚圓，例牌，四人份，應該賣多少錢呢？記得，吃的口感應該是略有彈性，入口卻是綿密，帶著魚香味，決不會有如同貢丸般的彈牙！

紹興的清湯魚圓，是當地的傳統菜肴，有這麼一說：2000 多年前，秦始皇到大禹陵祭禹，從西安到紹興，歷經艱辛，到了紹興，上了會稽山，祭大禹，命宰相李斯寫頌文宣揚教化，歌頌秦德，文刻於鵝鼻山上，此碑留傳至今的「會稽刻石」。秦始皇到了南方沿海，喜食當地之河鮮魚蝦，特別是淡水魚鮮，但魚的刺多，御廚們做了幾回，魚刺去的不乾淨，掉了幾位御廚的腦袋，輪到一位張姓廚師，自知性命難保，死馬當活馬醫吧！於是將魚肉斬碎成茸，製成圓子汆湯，沒想到龍顏大悅，湯好喝，魚圓沒刺也好吃，於是清湯魚圓就成了紹興流傳千年的傳統菜。

紹興魚圓，講究的是「三不加」：不加芡粉、蛋清與油，純真功夫，吃的是魚的本味，而徐師傅做的清湯魚圓，是不是與紹興的一樣呢？有機會歡迎來品嘗，要預定唷！

大廚
教你做

這道菜需要正確掌握魚漿、水、鹽的比例，魚泥和水的比例一般是 1：2（即 100g 魚漿可加水 200g），根據魚肉的新鮮度和吸水率有所伸縮，鹽巴比例則為：每 500g 魚丸料（包括加水量），約用鹽 13g 左右。

• 食材

草魚中段1000g、蛋白1顆、太白粉20g、青江菜心6顆

• 佐料

生薑汁適量、鹽少許、高湯500g

• 做法

1. 把草魚的魚肉用刀背刮成魚茸，把魚茸、蛋白、生薑汁，太白粉、鹽攪拌在一起，做成魚漿。
2. 將步驟1完成的魚漿分別搓成魚丸，放入冷水中以中小火慢煮。
3. 魚丸自然浮上水面時，說明已經熟了，拿一個裝有冷水的器皿，把魚丸一個個放在冷水中冷卻，增加魚丸的 Q度。
4. 於另一鍋中燒開高湯，添少許鹽，加入魚丸與青江菜心煮熟即可。

1

2

4

TIPS

1.魚泥要刮得細膩，所用魚肉最好是在剖殺後經半天冷藏的鮮魚，剖時刀口要放平，刀面傾斜約60°C左右，用力得當，刮得仔細，以刀背剁成細末，再加入適量的水，成為魚漿。

2.魚泥加水宜分2 ～3次進行，「打漿」時要順同一方向不斷攪拌（一般至少要500下），至魚泥漿起均勻小泡即完成。

3.魚丸要冷水下鍋，以中小火慢煮，要保持鍋水似滾非滾的狀態，否則魚丸易老、破碎。

薺菜魚米羹

薺菜，原為野菜，北方沒有，生長於江南的田間，台灣沒有這個品種，在台灣的江浙菜小館，以前如果出現薺菜或馬蘭頭，大概都用菠菜代替，現在用貨真價實的薺菜，都是進口，瓶裝，沒有新鮮貨。

冬天一過，春天來了，薺菜也冒出來，它有股獨特的香味，不像香椿，也不像香菜，剛長出來是貼地的鋸齒狀，新菜是塌在地面，待春天到來，葉子就長上來，接著開滿了小白花，就像滿天星那樣密集，煞是好看。

詩經裡有首詩，就提到了薺菜，看看老祖在三千年前就知道吃這野菜，現在吃的大多數是人工栽植的，五百多年前徐光啟的《農政全書薺菜考》：生平澤中，今處處有之，苗塌地生，作鋸齒葉，三四月出葶，分生莖叉，梢上開小白花，結實小，苗葉微苦，性溫，無毒，特別提到，葉微苦。

風味獨特，加了肉味道更迷人

人工栽培的少了苦味，但獨特的香味也減少，野生的薺菜，香氣足，但挑撿時麻煩，又是泥、又是雜草，清洗完後，一刀切下去，那香氣直衝鼻心。

薺菜較為乾澀，在拌餡時會加些小青菜，為的是增加滑潤而不減香氣，以前薺菜受季節的影響，量少，一下子就沒了，所以都是搶著吃，它那特殊的味道，也不見得人人喜歡，就是大上海地區到蘇州一帶，極愛，一般是做餡，餛飩餡，春捲餡（武漢地區特愛）肉圓子，都是單一的餡，加了肉味道就迷人了。

清秦榮光，＜上海縣竹枝詞＞歲時：「肉餡餛飩菜餡圓，灶神元夕接從天，城鄉燈飾尤繁盛，點塔燒香費幾千。」中國人的習俗，臘月（十二月）二十三日祭灶神，送灶王爺上天庭報好事，希望灶王爺多說好話。祭品是甜食，讓灶王爺嘴甜甜，灶神上天報告完畢，要回人間了，上海以前家家戶戶都燒大灶，有送灶神，當然也有接灶神的日子，別的地方日期不一定，但上海接灶王爺的日子是訂在正月（元月）十五日，剛好是薺菜長出來的時候，所以在接灶神時，必備的是薺菜肉餡的大圓子與餛飩，如今這習俗也漸漸消失，但不變的是，春天來了吃薺菜餛飩湯，炸個薺菜春捲，再打個薺菜豆腐湯，當然也可以拌個薺菜香乾加蝦米。

徐師傅做的這道薺菜魚米湯，好吃、好看，就是費事了些，先是要有好的底湯（高湯、魚湯、雞湯皆可），吃的是本味，鹽與白胡椒勾薄芡，主要是魚米的做法，新鮮的草魚，取魚肉，剔刺，魚肉加些去腥的米酒，蔥薑，打成漿備用，做魚米，是將魚漿以粗漏勺過篩，擠下來的魚米，過水成型，撈起備用。高湯沸起，添入輔料，筍丁，火腿末與切碎的薺菜，不規則的魚米，開鍋，勾芡，就算完成一道鮮香滑口的薺菜魚米羹，然而魚米改成豆腐，即成了薺菜豆腐羹。

大廚教你做

製作魚米的過程中，需要將魚肉攪拌至「起漿」，當攪拌過程中，魚漿會開始附著在手上時，代表已經完成此步驟。

• 食材

草魚中段500g、薺菜250g、冬筍100g、金華火腿末20g、蔥白段30g、薑片50g

• 佐料

米酒適量、鹽適量、白胡椒粉適量、太白粉適量、高湯適量

• 做法

1. 選取新鮮的草魚洗淨，選取背脊中間的部分，用刀背將魚肉刮下。
2. 魚肉剔好後，加米酒、蔥白段、薑片和少許水抓勻，瀝乾水分，加入調理機將魚肉打成泥狀備用。
3. 在將魚肉泥中加入鹽巴，以順時鐘方向將魚肉慢慢攪拌至起漿（魚漿會附著在手上），再用粗漏勺過篩，並用小火把魚肉泥煮成魚米狀，撈起後，過冷水備用。
4. 將薺菜洗淨後切細末，冬筍汆燙後，切細丁備用。
5. 於鍋裡加高湯，煮開後將步驟3完成的魚米放入鍋內，用中火繼續煮至水開，放入冬筍丁和薺菜末。煮沸後繼續煮 1 分鐘，放鹽並用太白粉勾芡，接著出鍋，灑白胡椒粉後，再灑金華火腿末即可。

❶

❹

火踵神仙鴨

火踵神仙鴨，火踵是火腿部位的稱呼，神仙鴨的名稱，傳說是燉鴨時要以桑皮紙蒙住鍋蓋，焚三柱香才有滋補的療效，這就不知從何而來。

傳統是以砂鍋出菜，典型的杭州菜，至於搭配的有手打的鮮魚丸，與台灣的丸子不同，口感是綿密嫩，如同豆腐，有的會放些干貝添味，如果放了餛飩，就成了餛飩神仙鴨，當然火踵神仙鴨是以火踵為主角。

火腿的由來，最多的說法是北宋名將宗澤所創的，宗澤是金華義烏人，而義烏的特有豬種兩頭烏，是火腿最佳的原材料，在金華地區有，東陽、蘭溪、義烏、浦江、永康等地的農家，皆製火腿，至今他們都懸掛，宗澤的像，焚香祝禱，求製腿順利，生意興隆，金華名氣大，所以一般人都以金華火腿為名，而當地俗稱：金華火腿出東陽，東陽火腿出上蔣，東陽上蔣村的火腿，又以雪舫號最出名，皮薄肉厚，精肉嫣紅似玫瑰，肥膘透明賽水晶，這雪舫蔣腿，就是火腿中的極品。

一千多年前的北宋末年，宗澤留守汴京，兼任開封府尹，力抗女真族，而在家鄉義烏的親人，卻聽到來自北方的流言，說宗澤投降女真人，家鄉人不信這消息，宗澤的堂兄宗興更是生氣，但無法確認這些消息，鄉親們決定，由宗興去一趟，證實是否謠言，並探望宗澤，鄉親們準備了現殺的豬肉，但路途遙遠，就用了家鄉醃鹹肉的方法，將肉抹上了鹽，從深秋，到冬天，直走到春天，才從義烏走到了汴京。

不足一年的鹹肉，稱家鄉肉

路途中又是風雨，又是下雪，而豬肉怕壞了，只有每過些時間再抹些鹽，保持是鹹肉的狀況，到了宗澤的駐地，汴京，而此時的肉，不但沒壞，而呈現是火紅的顏色，發出陣陣香氣，堂兄弟見面，不但宗澤未曾投降女真，且士氣正旺，宗澤見堂兄千里迢迢來看他，又帶著家鄉的醃肉，適逢正月十五元宵節，宗澤下令將家鄉的醃肉，給大家加菜，這些軍士們吃著這香味撲鼻的鹹肉，皆紛紛問道:「這是什麼肉啊？」宗澤很高興的回說：「這是我家鄉的肉」，至今賣火腿的店家，還是稱呼這不足一年的鹹肉叫家鄉肉，這就是火腿從家鄉肉演變而來的。

火腿按部位為上腰（上方），中腰（中方），下腰（火踵）及爪尖與滴油，每個部位的做法不太一樣，一般上方與中方，塊大肉多較適合做菜，如蜜汁火腿，而火踵近腳跟，最適合燉湯，這個菜就是以下腰火踵燉的。

北宋時中國人就會製火腿，而義大利的火腿傳說是元朝時馬可波羅帶回去的，是不是真的如此，並未證實，但從兩個國家在驗證火腿的成熟與香氣，都是同一個方法——竹籤，證明是有關聯的，中國賣火腿的店家，一支全腿要如何知好壞與香氣的濃淡，是用一根長約 20 公分的竹籤插進腿肉，再拔出，先聞一下香氣後，擱三分鐘，再聞一下，還有香味，就是不錯的火腿，再擱五分鐘，再聞一下，香味不變，那就是好腿了，義大利專賣火腿的店，也是如此測試的，神奇吧！

大廚
教你做

這道料理中常會有許多配料，但可有可無，主要在於鴨肉本身的風味，本次使用了金華火腿 10 片、魚圓 8 粒、餛飩 8 粒、青江菜 8 顆做為配菜。

• 食材

全鴨1隻（約1000g）、金華火腿1000g、蔥30g、薑15g

• 佐料

紹興酒300g、米酒 200g、鹽5g、冰糖10g

• 工具

竹架

• 做法

1. 將鴨宰殺洗淨，並將內臟挖出，下入開水鍋內煮約3分鐘，撈出清除細毛、瀝水，敲斷腿骨跟脊骨。
2. 蔥切段、薑拍鬆切塊、火腿切片。
3. 砂鍋內用竹架墊底，放入鴨（腹部朝下）、火腿、蔥段、薑塊、水，加蓋燒開，小火燜至火腿、鴨五成熟。（肉熟了，但是骨肉尚未分離）
4. 去除蔥、薑，撈出火腿，剔去鴨骨頭，再放入鍋內，蓋上蓋子，加紹興酒和米酒，小火繼續燜至火腿、鴨子熟爛（骨肉分離）。
5. 撈去浮油，取出竹架，將火腿整齊地放在鴨腹上，加入米酒、鹽、蓋上蓋子繼續燜約5分鐘，以冰糖、鹽調味即可。

宋嫂魚羹

宋嫂魚羹是湯，西湖醋魚是菜，雖然西湖醋魚也是宋嫂做的，但此宋非彼宋，這兩道菜都與北宋兵敗，遷到南宋有關，也都是北味南烹。

話說當年：北宋南渡，在汴京以調治魚羹有名的宋五嫂，也跟著遷到了臨安，在西湖邊的蘇堤，重操舊業賣魚羹為生，當時的皇帝宋孝宗伴隨太上皇宋高宗遊西湖，宣昭宋五嫂登御舟調魚羹，太上皇宋高宗一品嘗，喜覺有舊都風味，大為讚賞，賞賜甚豐，因而出名。

賽蟹羹，這是宋嫂魚羹的另一種叫法，宋嫂從帶著小叔開封逃難到了杭州，在西湖邊，小叔打魚，宋嫂料理家事，安貧樂道的過日子，一日小叔去打魚時，忽然雷雨交加，小叔避之不急，回來得了風寒，一病不起，臥床數日，皆無進食，宋嫂著急，為了給小叔吃點東西，煮了一碗魚羹，小叔趁熱喝了，頓時胃口大開，病好了一半，不久就康復，而宋嫂也因此魚羹的美味，在西湖開了個小館，賣魚羹為生，漸漸有了名氣，名氣大，皇帝遊西湖時，才能被宣召去做魚羹，於是就更出名了。

南、北口味，取決在甜、酸

宋高宗喜歡宋嫂魚羹，因為是有北方之味，北方的羹菜裡，常常都有添加醋，但甜的味道是不加的，所以偏酸，如今到了杭州這樣的南方城市，糖就加得多了，雖然是北方的做法，再加上南方的甜味，這宋嫂魚羹就迎合了南北的口味，而大受歡迎。

為什麼叫賽蟹羹呢？魚肉與蟹肉皆為純白，而宋嫂魚羹的調味，吃的是本味，醋的味道表現強烈，就如同吃大閘蟹時，以蟹肉蘸鎮江醋，顯現的就是一個鮮字。

宋朝的記載，宋嫂用的是西湖的鯚花魚，鯚花魚就是鱖魚，一般寫成桂魚，桂魚就像淡水魚中的石斑，有著如同豹皮般的古銅色斑紋，生於大陸的湖泊，台灣未見，20 幾年前尚有偷渡來台冷凍的桂花魚，如今已見不到。

北宋到南宋，以鄉味解鄉愁

宋嫂魚羹在大陸的做法，大概用的都是桂魚，而這次徐師傅用的是鱈魚，這道菜不受限制用什麼魚，而是調味，魚肉要不散型皆可，在調味的講究上是酸甜適中，鮮滑可口，不能太酸，更不能過甜。

一道菜的成名，有的時候並不是這道菜有美如仙味的好吃，可能是吹捧出來的時髦菜，有的是因思念家鄉的味道而形成，宋嫂魚羹的出名，一是「曾經御嘗，人爭赴之」皇帝嘗過的，大家都爭相去吃，二是宋嫂家的舊主人說：「宋五嫂，余家蒼頭（即老僕）嫂也，每過湖上，進肆慰啖，亦他鄉寒故悲夫」宋五嫂的舊主人說：他想回汴京不成，只好嘗一下鄉味解解鄉愁了，北宋到南宋，有多少原居北方的人，回不了家，這也是離鄉遊子的無奈，只有以鄉味來解鄉愁了！

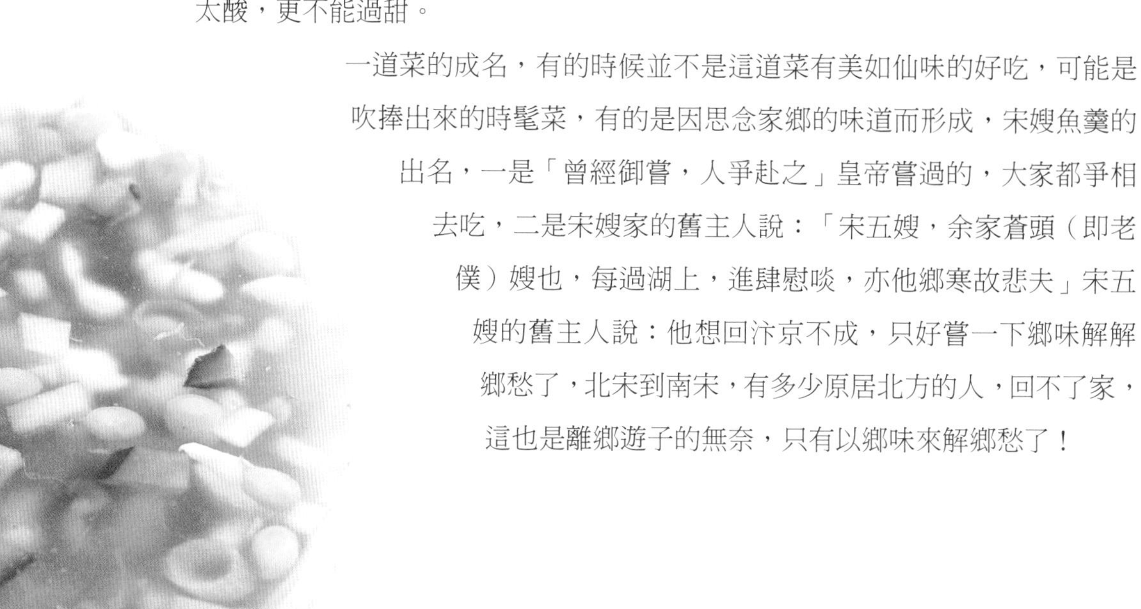

大廚
教你做

這道湯所使用的水發香菇，意指用水泡開後的乾香菇，開始烹調前可先準備好。

• 食材

鱈魚300g、熟竹筍80g、水發香菇50g、豌豆仁30g

• 佐料

蛋白1個、蔥末30g、嫩薑30g、豬油50g、沙拉油100g、藕粉適量、高湯適量、紅露酒適量、香醋適量、鹽適量、糖適量、熱雞油少許

• 做法

1. 蔥末、嫩薑、熟竹筍、豌豆仁、水發香菇切小丁備用，蛋白打散。
2. 鱈魚切成小丁，以糖、鹽醃漬。
3. 取一鍋，加入沙拉油100g加熱，在油溫約70～80°C時，加入鱈魚，以筷子攪拌，當鱈魚成乳白色，約5分熟，撈出備用。
4. 鍋內放入豬油，將蔥末、嫩薑絲、紅露酒以小火煸炒至有香味。
5. 加入高湯煮至水滾，放入紅露酒、熟竹筍丁、香菇丁煮開後，把步驟2完成的鱈魚丁倒入鍋內，加鹽煮開，再用藕粉勾薄芡。
6. 把蛋白倒入鍋內攪勻，待湯再度燒開時加入香醋，再澆上少許熱雞油即可。

2

5

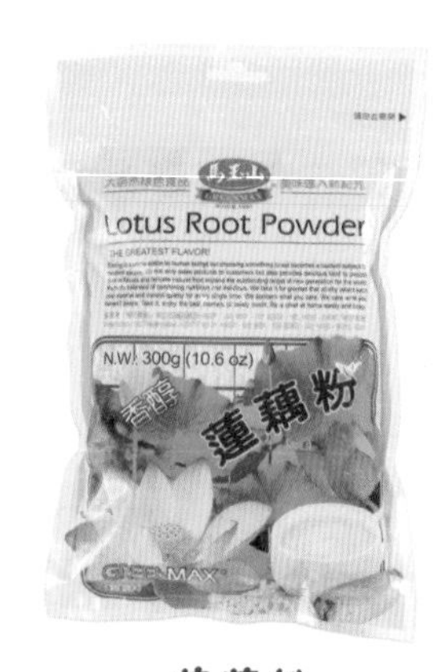

蓮藕粉 5

醃燉鮮

上海人喜歡說醃篤鮮，是我們上海本幫菜，也就是地道的上海菜，這話一出，蘇州人可不同意了，笑說：「你上海還是個小漁村的時候，我們蘇州人就家家戶戶會做醃篤鮮了。」

先從菜名上來談，醃是鹹肉，鮮是新鮮的豬肉，那篤呢？篤是什麼意思？這個字困惑了很多年，有很多地方寫成火加個篤字，字典查不到這個字，有的地方寫成一個火加上督字，更不知這字成了火星字。而篤字卻與這道菜的意義一點都不相干，直到幾年前到蘇州住了一段時間，聽他們的蘇州話，再聽上海的方言，這兩地的方言是不同的，但猛然一聽很像，尤其是唸醃篤鮮的這三個字，問清楚了才解開這二、三十年的謎，蘇州人、上海人唸方言時的音非常像，多，燉，也似篤音，在明白這菜的做法後，才知正確的叫法是醃燉鮮，也合這道菜的烹調之法。

這道菜，蘇州人吃得最講究

夏禕，這位嫁到台灣的上海姑娘，出了一本上海菜的食譜，說這是上海的本幫菜，上海人認為這是本幫菜，也對，因為有許多的蘇州人都是去上海討生活，帶去的家鄉味，不是什麼大菜，而是家家戶戶會做的季節燉湯，就像台灣人在夏天家裡會燉鍋鮮筍排骨湯。

江、浙一帶都會做醃篤鮮，但沒有一地像蘇州人吃得那麼精細，第一就是春天，春筍上市的時候才吃，一過了這個季節就不吃，因為還要搭配醃的鹹肉，既不是隔年的火腿、陳年的鹹肉，也不是剛醃尚未入味的鹹肉，而是用冬天醃，吹了一個月風的鹹肉，才剛剛好適用。

前幾年去蘇州的松鶴樓餐飲集團，參觀他們的中央工廠，副總經理帶我直奔廠房的頂樓陽台，壯觀啊！數百坪的陽台全部都是自製的醃肉，這只是供應松鶴樓集團一個春天的量，松鶴樓堅持不用現成的貨，也不用恆溫的室內製品，為此還請工人專門看顧這些醃肉，這就是蘇州人的固執。

醃燉鮮，台灣的江、浙餐廳用的是金華火腿居多，說正格的，糟蹋了，家鄉肉就可以，家鄉肉、鹹肉、南肉都是一樣的，到了長江以北，同樣的醃肉就叫成了北肉。

自製南肉，風味絕無僅有

台灣的醃燉鮮是一路燉到底，而蘇州人是這樣做的：醃肉當然是自製的南肉，大塊放入鍋中與春筍同燉，而鮮則是取自於肥瘦相間的五花腩肉、排骨、豬腳皆可，就是不能用全瘦的肉，湯要燉得清，就小火，時間長點，要奶湯，就猛火時間短些。不同於台灣的是，南肉時間一到就要撈起，放涼後，切薄片，待湯燉好隨著湯一起上，要吃時，鹹肉在鍋中涮一下，此時湯濃，酥爛的鮮肉，配上香氣十足的鹹肉、吸飽肉味的鮮筍，這就是一碗蘇州人家的醃燉鮮，至於百頁結、小青菜則隨個人的喜好而添加。

很難得的是這回徐師傅做的醃燉鮮，醃肉在對的季節製成，自家做的南肉，風味絕然不同，有機會可以來嘗嘗，因為在台灣要自製南肉，幾乎絕無僅有了！

此道料理使用的百頁結，意指將買來的百頁皮打結成適當大小即可，亦有現成的百頁結。

• **食材**

南肉400g、新鮮五花肉300g、春筍2根、百頁結200g

• **佐料**

大骨高湯500g、蔥適量、薑適量

• **做法**

1. 將南肉用清水洗淨後，切成小塊備用，五花肉切成同樣大小塊備用，蔥、薑切片。
2. 春筍以刀背拍扁，然後用刀子將筍子剁成塊狀。
3. 將南肉和五花肉放入鍋中以中火爆香，隨後加入蔥、薑，再放入大骨高湯，待湯燒開後，將百頁結和春筍下鍋。
4. 等湯汁再次燒開，用勺子將水表面的浮沫撇掉，然後轉小火慢慢燉煮1小時，直到湯色奶白即可關火。

❶

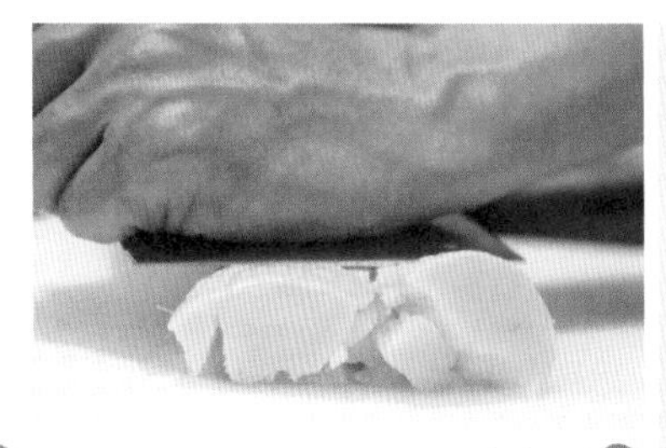
❷

❸

西湖蒓菜羹

西湖蒓菜羹，也叫雞火蓴菜羹，中國菜的命名方式，雞—雞絲，火—火腿，加上蓴菜，就成了雞火蓴菜羹。

李時珍：「蓴，本作蒓，從純，純乃絲名，其莖似之，故名蓴菜」又名水葵，屬睡蓮科，多年生水生植物，杭州的西湖有，所以才命名西湖蒓菜羹，太湖也有，更多，台灣的宜蘭也有少量的栽種。蘇州人、杭州人都喜歡蓴菜，文人更愛，歷史上留下了經典的佳句，待我慢慢道來。

本身無味，但葉卷有如瓊脂

春夏之季，水葵的根從莖部長出到水面的嫩菜，叫「薙尾蓴」，此時最好吃，到了五月的端午，葉子展開了叫「絲蓴」，也可食用，再來，到了盛夏，就不能吃了，因為葉子長蟲，吃了對身體有害，接著秋冬，蟲子被凍死，絲蓴又可吃，冬天到隔年春天，根部長出珊瑚狀的東西，叫「環蓴」也可食用，說了那麼多，就是夏天有蟲不能吃，其它都可食用，而台灣以前用的瓶裝蓴菜，不是新鮮的，都是大陸貨，顏色較暗，看起來不好吃，如今用的是日本蓴菜，味道一樣，顏色好看多了。

蓴菜是沒有味道，特殊之處在於葉卷有如瓊脂的滑液，新鮮的蓴菜略苦，要汆燙一下，去味後再食用，本味是清爽無味，所以蓴菜湯必然要有好的魚湯或雞湯為底，蓴菜也嬌嫩，不經煮，最好的方式是過橋，先汆燙後撈起，與燉好的湯一起上桌後，再倒入蓴菜，這樣才能吃到蓴菜再口中滑入的感覺。

蓴菜是湖中的產物，最適合與魚搭配，蘇州人在新鮮蓴菜上市時，最愛的就是來碗鮮蓴銀魚湯，銀魚，通體純白，如同放大的吻仔魚，與蓴菜合體的銀魚，翠綠，純白，呈現的是鮮與美，如果再加上火腿絲的紅，真的就成了錦上添花。

西晉時，張翰假蓴菜鄉愁而逃

「蓴鱸之思」：這成語裡，說的兩樣東西，一是上海淞江的四鰓鱸魚，這魚已絕種，沒有了，另一樣是蓴菜，成語的意思是「想家了」。西晉時，距今約 1800 年前，混亂的年代，齊王司馬冏封張翰為大司馬東曹掾（ㄩㄢˋ），而張翰認為司馬冏不是個好王，位子可能坐不久，但他不能明講，於是藉口：「秋風起，乃思吳中菰菜，蓴羹，鱸魚膾，曰：人生貴得適志，何能羈宦千里以要名爵乎」。

張翰是吳中人，就是今天的大蘇州地區，他知道司馬冏必然兵敗，藉口想家鄉的食物，一是菰菜，就是茭白筍，二是蓴菜，三是四鰓鱸魚，後世才傳下了「蓴鱸之思」的成語，說是想家，實則有先見之明，落跑了。蓴菜並不是很普及的食材，北方不產，只有江南湖中才有，能有那麼大的名氣皆因為歷史的名人捧出來的，蘇東坡與秦少游的書信來往也提到，宋朝揚蟠有＜蓴菜＞詩，提到的產地是紹興鑑湖，宋朝張孝詳＜鄭義寧送蓴菜＞詩，說的就是太湖的蓴菜。

現在看到的蓴菜，都是做羹湯，搭的是魚，所以湯是清鮮為主，雖然勾芡，需薄芡，不勾芡更好，這次徐師傅做的是雞絲與火腿的蓴菜湯，雞絲要嫩，火腿絲要細，最重要的就是要一碗好湯打底，否則吃到口裡的就是清湯寡水了！

此道菜使用了熟雞油，可事先以新鮮雞肉的油脂進行油炸取得。

- **食材**

日本瓶裝蓴菜150g、金華火腿20g、雞胸肉200g

- **佐料**

沙拉油100g、糖適量、上湯適量、鹽適量、太白粉適量、熟雞油適量

- **做法**

1. 以糖、太白粉、鹽醃漬雞胸肉。
2. 將醃好的雞胸肉、金華火腿均切成6.5釐米長的細絲。
3. 鍋內放500cc的水，放在旺火上燒沸，倒入蓴菜，煮滾後立即用漏勺撈出，瀝去水，盛入湯盤中。
4. 取一鍋加入沙拉油100g，加熱至油溫約70～80°C時加入雞絲，以筷子攪拌至雞絲變成白色（約5分熟），撈出瀝油備用。
5. 把上湯放入鍋內，加鹽燒開，再澆在蓴菜上，並擺上雞絲、火腿絲，淋上熟雞油，即成。

❷

❸

蒓菜

藏書羊肉

蘇州方言，藏ㄘㄤˊ與藏ㄗㄤˋ差不多，也分不清叫法，藏書位於蘇州西郊，現木瀆鎮，而藏書這地名是為了紀念西漢名臣朱買臣發奮讀書而得名。

明清之際藏書地區都是賣羊肉的小攤，一定是到了秋冬之時才賣，也就是農忙後的副業，清末才到蘇州開業，俗稱「洋作」如今成了全國知名的羊肉佳肴，多了很多品種，但不改的是晚秋才上市，現在蘇州大街小巷都打著藏書羊肉，也不知哪家是正宗。

傳統的藏書，用木桶烹煮

用的是山羊，切成大塊，旺火開水，燙後清洗叫「出水」，再清除鍋內沉渣，叫「割腳」，完後以原湯，旺火燉三小時，拆骨後製，所以藏書羊肉是以喝羊湯，白燒羊肉為主，不放輔料的做法，只放些鹽調味，吃時帶蒜苗，附辣椒醬蘸肉吃，在入冬低溫時來一碗，暖呼呼從手到腳都熱了。

傳統的藏書是用木桶煮的，最下層為羊肉，上一層是羊肚，最上一層是羊肝，而羊肝一煮開，就要撈起來，放在淡鹽水，保嫩防變色，要吃時再回鍋燙一下即可食用，這樣吃法是藏書的獨門吃法，不同於岡山的羊肉爐，也不同於粵菜的羊腩煲，與北京的涮羊肉更是不一樣。

羊肉在大陸是季節明顯的食物，燥熱，補的是虛寒，所以秋冬才吃，到了夏天就不吃了，奇怪的是，台灣處於亞熱帶，卻一年四季都吃得到羊肉，不知在中醫是如何看待？

南北宋兩個朝代，是以羊為貴，認為豬肉是粗劣不食的，所以才會有蘇東坡被貶到黃州時的《豬肉頌》，連老百姓都不願吃豬肉。

「鮮」字由來，源於彭祖

在中國廚師所遵從的祖師爺有很多，最早的，活的最久的，叫錢鏗，他是帝堯的廚師，因為野雞燒的好吃，帝堯就賜了大彭國這塊地給他，於是他便改成了彭鏗，因為活了880歲，後世便稱他為彭祖。

活的那麼久，當然太太也娶的多，自然而然的兒女也就多了，他有個兒子叫夕丁，夕丁小時後喜歡游水捉魚蝦，彭祖特別疼這個夕丁，怕他游水淹死，便不准他游泳，小孩玩心重，改不了，偷偷的去游泳，又捉了條魚回家，給媽媽加菜，不巧，彭祖回家，夕丁的媽媽怕彭祖看到夕丁手上拿著魚，剛好她在燒羊肉，於是將魚拿過來，丟在羊肉中一起燒，沒想到彭祖吃了這塊羊肉覺得特別好吃，便問夕丁的媽媽是怎麼燒出來的，於是一個新字（魚加羊），便成了鮮字，彭祖是神話，故事也是神話，姑且聽聽就好！

清朝李漁的《閒情偶寄》一書中，談到羊肉：物之折耗，最重者，羊肉是也，大概羊肉百斤，殺完後，剩50斤，待煮熟了，就只有25斤，這說的是生羊易消，而熟羊易長，較少人知，熟羊易飽，初食不覺，食後漸飽，吃羊肉如果覺得飽了，就是吃過頭，過一會兒就覺得太飽了，聽老祖宗的話，準沒錯！

大廚
教你做

切記完成這道料理之後，羊肉湯不能再重複加熱，將會造成湯水分離。

- **食材**

羊腩5000g、羊肚1000g、羊肝500g

- **佐料**

青葱300g、大蒜200g、生薑200g、花雕黃酒600g、花椒20g、月桂葉10g、千里香30g、小茴香20g、香果5粒、冰糖200g

- **蘸醬**

香醋20g、辣醬50g、蒜苗30g

- **工具**

木桶鍋1個、紗布1張

- **做法**

1. 將羊腩分成6～8塊，清水洗乾淨，大火煮開，2分鐘後，把羊肉取出清洗乾淨，清除所有會影響湯的顏色與羊膻味的小血塊。
2. 把洗乾淨的羊肉塊放木桶鍋的最下面，再放羊肚，最上面放羊肝，然後放入生薑、大蒜、青蔥、花雕黃酒、冰糖、花椒、月桂葉、千里香、小茴香、香果，並用紗布包好。
3. 於木桶鍋中加入熱水，以高火燒至水滾2分鐘後，取出羊肝，另外泡在濃度30%的鹽水中，之後用中文火燉100分鐘，之後再用20分鐘高火煮一下，徹底去腥，燉出濃湯的口感。
4. 打開紗布包取出羊肚與羊肉塊，自然風涼，再將羊肝一起下鍋煮，即成。

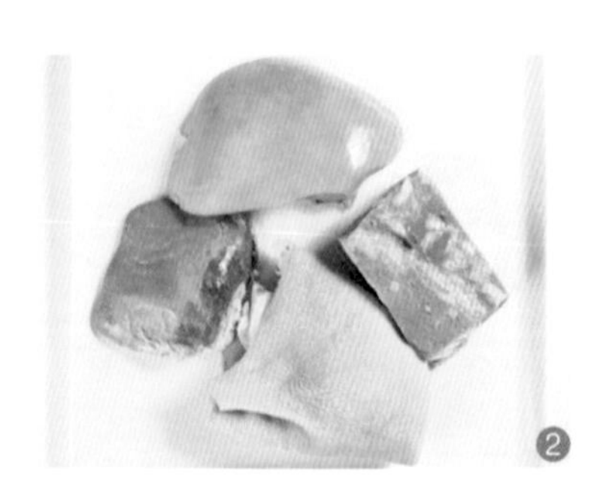
2

TIPS
1.步驟3的火分三個過程：高火→文火→高火
2.整個過程不能放鹽，鹽只有要喝湯的時候單獨放，因為放了鹽時間超過3個小時就會產生蛋白質反應，造成湯水分離，造成湯不像湯，而且味道會很腥。

Chapter 4

/

主食

吃飯還是吃麵，還有甜點

北方人吃包子、吃麵是主食，菜就變化較少，南方人，菜的花樣多，也講究，主食的飯、麵種類也更多，一個澆頭麵，澆頭有數十種，不但吃飯，亦可配酒，菜飯做的好，配菜就簡單，主菜都可省，禿黃油拌飯，這一碗禿黃油，你可得用幾道菜的價位來換，這不是主角、配角分不清了。

蔥，它是個和事佬，做菜少不了它，開洋就是乾蝦米，兩個湊在一起，成了蔥開煨麵，那一碗蔥油，得放不少蔥啊！湖州除了粽子，他的油豆腐細粉，稍稍改一下就成了兩筋一，南京人從早到晚，百年老店都見得到鴨血粉絲湯，配個鴨油燒餅，正餐、點心都不錯，桂花飄香的甜酒釀，就是濃濃的江南味，心太軟成不了大事，當甜點是個好主意，棗泥鍋餅吃膩了，換成豆沙也不錯，雖然這些都不是主菜，無論是飯還是麵或是點心，江南人是一點都不馬虎。

蘇州澆頭麵

蘇州澆頭麵，先說明，第一這是蘇州的吃法，二是澆頭這名詞的用法，第三是麵條。

蘇州陸文夫先生，已過逝，他是地道的蘇州人，一輩子只寫蘇州事，在 80 年代寫了一本《美食家》的小說，拍成電影與電視劇，因而名滿全中國。他在書中一開始就寫了主人翁朱自冶吃麵的過程，道出了蘇州人早上起床，首選的早餐就是吃碗頭湯澆頭麵：朱自冶起得很早，因為他的腸胃到時候便會蠕動，眼睛一睜，第一個念頭：「快到朱鴻興去吃頭湯麵」。

朱鴻興這麵館，到現在還營業，國營的，1989 年第一次去蘇州，迫不及待地去了，高度的期待，最後是吃了一肚子的氣離開，進門先買票，一群大媽，只能用兇來形容，買完票後，排隊，憑票領麵，那小窗口，排了一長龍。等到了出菜口前，砰的一聲，一碗麵放在眼前，湯汁四溢，拿著那碗麵，再回頭找位子坐，記得是叫了兩個澆頭，爆魚與燜肉，好像三塊錢人民幣，爆魚尚可，而燜肉，可真肥了，麵條煮的還可以，而湯的味道，真是味道十足的味精味啊！價廉，物一點都不美，回到親戚家裡，才知道，他們早已不去朱鴻興吃麵，而去的是個體戶的店，味道、服務也親切許多。

古時蘇州吃碗澆頭麵，學問大

接著，朱自冶到了朱鴻興店裡一坐，喂！（那時候不叫同志）來一碗蝦仁麵，跑堂的稍許一頓，隨著便大聲喊叫：「來哉，蝦仁麵一碗」

跑堂的一頓，是在等朱自冶吩咐怎麼個吃法？硬麵？爛麵？寬湯？緊湯？拌麵？重青（多放些蒜苗）？免青（不放蒜苗）？重油（多放點油）？清淡點（少放油）？重麵輕澆（麵多些，澆頭少些）？重澆輕麵（澆頭多，麵少）。過橋，澆頭不能蓋在麵上，要放在另一個盤子，吃的時候用筷子挑過來，好像是通過一頂石拱橋才能送進嘴裡。所以朱自冶叫了碗蝦仁麵，就如下：「來哉，清炒蝦仁一碗，要湯寬，重青，重澆，要過橋，硬點。」這是現場轉播，八零年代以前蘇州人早上的吃法，現在還是有那麼多種澆頭，但如果你那麼要求，那麼跑堂的可能會想：「你是從哪個年代跑來的怪物啊！」朱自冶的澆頭麵，是因為蘇州人認為，千碗麵，一鍋湯，麵條下多了，下麵的水一混，麵就不好吃，下麵條水是要清的。

澆頭即是麵的配料，種類多元

吃麵的叫法說過了，再來談談澆頭，澆頭也叫麵碼，台灣就那幾種，榨菜肉絲、雪菜肉絲、豬肝、肉片等，蘇州的澆頭有上百種，湯底則有兩種，一種白湯，一種紅湯，紅湯是以滷燜肉的滷湯為底，而白湯，則是各式的骨頭熬煮的湯底，與揚州白湯麵的奶湯不一樣，不呈現乳白色的，而是清的。

傳說蘇州最有名的白湯麵是源自蘇州近郊的「楓鎮大麵」。清朝時，安徽人張姓夫婦在蘇州的楓橋鎮開了麵館，專賣紅燒燜肉麵，一日，老張進城採購明日開店的食材，途中見一窮人要自殺，老張同情他，並把身上錢全給了他，結果連買醬油的錢也沒了，隔天，紅燒肉也做不成了，於是夫婦一合計，而推出了白湯麵，搭白切肉，時當盛夏，自此形成了蘇州

紅湯

白湯

奶湯

人於夏日吃白湯麵的習俗，冬日則以紅湯麵為主。

這次澆頭麵，我們只做了少數的幾樣為代表，有雪裡蕻肉絲、清炒蝦仁、紅燒燜肉、爆魚、蝦爆鱔，而在蘇州的店裡有數不清的澆頭，有趣的是，店家上的都是光麵，一點蔥花都沒有，因為這都是澆頭，一碟青菜要兩元人民幣，一個荷包蛋，這也是澆頭，要付費的，1989 年的雙澆麵，大概三塊人民幣就可以吃到，如今叫個雪菜肉絲，清炒蝦仁雙澆麵，大概要二十五元人民幣，約一百二十元台幣，還是值得，因為出了蘇州，也就很難吃的到。

蘇式煮麵法，全中國獨一無二

現在該談麵條了，蘇州的澆頭麵，從一早賣，過了中午就沒有了，也未見有賣晚上的（大餐館不在此限）。

麵條大概源起於東漢（約 1900 年前）先是叫水溲餅，也叫湯餅，那時不是細長型，原為貴族在吃的，直至宋朝才成為大眾食物，至於為何生日，祝壽時都會吃麵，說是長壽麵，可能是麵條，長而壽（瘦）吧！如果你用貓耳朵，義大利的筆管麵，就不長壽了。

蘇州用的麵條是含鹼的濕麵條，一早新鮮的麵條交給店家使用，因為麵條還持續發酵，到了下午，就不能吃了，用乾麵條就沒這個問題，可是蘇州人認為，麵條用掛麵，就不是那個事了，而最主要的是蘇州煮麵的方式，是全中國獨一無二的手法，連煮麵的笊籬都不一樣。

蘇州麵，不用台式的煮麵機，一定用大鍋，麵才展得開，麵條下了鍋，師傅右手拿著長筷子，左手是收麵的笊籬，長型，不是台灣直式的撈麵器具，竹製，是平口放在大鍋中，師傅拿著筷子在鍋中趕麵條，左手一邊抖動，而右手趕的麵條，乖乖的進了笊籬，一圈一圈的捲好，就像梳理好的髮包一樣，一碗一個，一絲不苟，連根髮絲都不會露相，湯清，麵齊，放上澆頭或過橋，急步送到食客的面前，這就是蘇州的澆頭麵。

揚州的白湯麵，湯是奶湯，澆頭是無窮變化，杭州奎元館號稱天下第一麵館，有名聞天下的片兒川，蝦爆鱔，上海澆頭麵的大腸麵皆有獨到之處，但說到精細與講究還是不如蘇州澆頭麵，下次有機會到蘇州時，不彷趕個早，吃碗頭湯的雪菜肉絲加清炒蝦仁，過橋的雙澆麵，一大早來個海陸蔬菜皆有的全餐，不是很美嗎？

吃麵不出聲，味兒減五分

蘇州人吃澆頭麵很講究吃法，在冬天來碗紅湯焖肉麵，焖肉是整條滷好，切的如同台灣的爌肉，是冷的放在麵上，當麵端上來時，將焖肉翻到碗底焖一下，麵打散，此時麵湯也降溫可入口，而肉也焖熱了，一口麵條一口湯，再來一口焖肉，在寒冷的臘月裡，早上來一碗，就是個美麗的早晨，這是逯耀東老師，來台灣數十年後，對他當時在蘇州居住時的回憶。

文學家汪曾祺，寫了很多美食文章，他是江蘇高郵人，蘇北靠北方了，他說：「吃麵不吃蒜，等於瞎扯淡」北方人聽了這話高興，北方人吃麵，沒別的配菜，一碗麵托左手，碗裡放幾個蒜瓣，幾口麵，喀嚓，咬個蒜，不然就是麵碗下夾個大蔥，時不時的咬一口，而麵條則是呼嚕呼嚕響個不停吸進嘴裡，「吃麵不出聲，味兒減五分」有部好萊塢的電影，說大聯盟的選手到日本打職棒，日本教練請他們到家裡吃麵，教練的女兒說：吃麵時，吸的聲音越大，表示尊重，喜歡這碗麵，結果，這就是中國傳到日本的習慣，記得下回吃麵時，別再靜悄悄的！

大廚
教你做

澆頭可分為多種，有燜肉、河蝦仁、鱔糊、爆魚等，可隨意選擇自己喜歡的，在此以雪菜肉絲為示範澆頭。

• **食材**

青蒜苗50g、雞蛋1顆、麵條200g、雪菜30g、肉絲80g

• **佐料**

市售蒸魚醬油30g、五香醋30g、蠔油20g、大蒜20g、薑絲20g、豬油適量、高湯適量、胡椒粉適量、生抽適量

• **做法**

1. 炒好雪菜肉絲，盛出備用。
2. 將雞蛋做成煎蛋，青蒜苗切末，放一旁備用。
3. 起鍋燒水，等水開的同時做湯底調料。
4. 以3/4勺生抽搭配1/4勺蒸魚醬油，加入香醋、青蒜苗、豬油1小匙，並以滾開的水沖成湯底。
5. 等步驟3的水滾時，準備下麵，煮到你喜歡的軟硬程度，再擺入步驟4完成的湯底中。
6. 澆上做好的雪菜肉絲，鋪上煎蛋即成。

杭州片兒川、蝦爆鱔

蘇州澆頭麵談了，再說說杭州的麵點，杭州有個麵館，號稱天下第一的奎元館，武學大師金庸一回到杭州，就去回憶當年的味道。

歷史學家逯耀東老師，一開放探親，就千里迢迢過去西湖邊上的奎元館，一嘗宿願，第一次跟團去，麵還沒吃出滋味，就趕著走了，第二次自由行，才真正坐下來吃了碗蝦爆鱔麵，他老先生形容如下：「麵軟硬適中，麵湯鮮裡透甜，鱔魚酥軟，只是蝦仁太小」這是他說的，他特別提到做法，蝦仁氽水，起鍋，再與爆過的鱔魚片同炒，素油爆，葷油炒，麻油燒，這就是蝦仁爆鱔魚。

再說說我與太太在七、八年前遊西湖時，為了去奎元館吃碗麵受的罪，那一年先去錢塘江觀潮，農曆八月十五，大熱天高溫三十七、八度，等了一早上，只見海面上一條白線從眼前通過，再來就是萬人騷動，都要散場回家了。第二天農曆八月十六，晚上要看印象西湖，中午就到了西湖，放眼望去，沒有一個地方沒有人，一樣氣溫很高，接著從蘇堤是想邊散步，邊逛西湖，然後走到奎元館去吃碗天下聞名的蝦爆鱔，走一段路，問問路人，請問奎元館有多遠？

回說：「前面就到」，繼續走了約三十分鐘，又問了路人，一樣回：「前面就到了」，又再走了三十分鐘，忍不住又問路人（實在太熱），一樣，前面就到了，跟著老婆又走了三十分鐘，還是沒看到，於是在路邊攔了半天，沒有計程車，但是來了一輛三輪車，上車就走，問問還有多久會到奎元館？一樣的話，前面就到了，這時候換你怎麼想？沒想到三輪車轉個彎，奎元館三個大字就出現在眼前，唉，我和太太繞了西湖整整一圈！

大名鼎鼎，卻不一定味道好

奎元館的正門有副對聯：「三碗兩碗碗碗如意，萬條千條條條順心」橫批「奎元館」，創立於一百三十多年前。

坐下來叫了一碗蝦爆鱔，片兒川，還有兩、三樣小菜，蝦爆鱔一般般，片兒川的筍片，老啊！至於逯耀東老師說的麵湯鮮裡透甜，甜的嚇死人，味精大概不用錢吧！失望極了，還好晚上的印象西湖給補回來了，片兒川在杭州有很多小店做的都比奎元館好，筍與豬肉皆選得好，雪裡蕻更是不錯，那就談談雪裡蕻這個由來：雪裡蕻，不是「紅」字，蕻，茂也。《本草綱目，卷 26》:「芥，皆以八九月下種，冬日食者，俗呼臘菜，春日食者，俗稱春菜，四月食者，為之夏菜。廣群芳譜、蔬普，四明有菜，名雪裡蕻，雪深，諸菜皆凍損，此菜獨青。」四明山下即寧波市，而我在訪問寧波市，去市場走訪才真正了解雪裡蕻是怎麼來的。

1949 年之前，台灣沒有雪裡蕻，這種菜，是江浙一帶的人教台灣人做的，但只教了一半，至今台灣的雪裡蕻都是綠色的，在寧波吃到的雪裡蕻炒肉絲，雪裡蕻如同台灣的酸菜，是金黃色的，與綠色的味道一樣，一問之下才知道，頭道醃的雪裡蕻是綠色的，而二道醃的更有味道，就成了金黃色的雪裡蕻。

片兒川的組合，很簡單，在杭州到處都吃得到，但好吃的不多，下回去杭州玩，沒吃到片兒川麵，沒關係，叫個片兒川湯加些粉絲，也是清爽地道的杭州菜，聽說片兒川，最早是寫成片兒汆，不知為何改成川字，沒有意義，也與菜不相干，就像是台灣的滷肉飯也都成了魯肉飯！

此次採用的是冬筍，為冬、春兩季生產的竹筍，若季節不同，也可考慮桂麻筍，是夏、秋兩季生產的竹筍。

• 食材

生麵條200g、豬肉100g、雪菜60g、冬筍80g

• 佐料

太白粉適量、紹興酒適量、老抽適量、鹽適量、花生油適量

• 做法

1. 新鮮麵條在開水裡煮至半熟，撈出沖涼水降溫，放一邊備用。
2. 將豬肉切成肉片，用少許太白粉、紹興酒、老抽和一點點鹽醃5 ～ 8分鐘。
3. 將冬筍切片、新鮮雪菜切碎，備用。
4. 起油鍋，將步驟2醃製好的肉片炒至變色後，立即出鍋備用。
5. 用鍋內餘油爆炒筍片，翻炒2分鐘左右再放入雪菜、肉片一起翻炒均勻。
6. 放入剛才步驟1的麵條，稍微煮1、2分鐘即可出鍋。

蔥開煨麵

蔥開煨麵，蔥是烹飪中最常用的和事佬，開洋，也叫開陽，北方稱乾蝦米，南方也稱金鉤，煨麵 - 湯與麵一起煮，麵要煮的略為透些，不像一般湯麵，湯與麵分煮後而合體。

小蔥拌豆腐，歇後語是「清清白白」的意思，百思不解的是，小蔥拌豆腐，是北方菜，更遠的東北也有，可是小蔥是南方的產物，北方特有的山東大蔥，並不適合拌豆腐。

《本草綱目菜部第 26 卷蔥》李時珍曰：「蔥從囪部，外直中空，有囪通之象也；蔥初生曰：蔥針，葉曰蔥青，衣曰：蔥袍，莖曰：蔥白，諸物皆宜，故云：菜伯，和事」，這是李時珍在本草綱目裡的註解，這名稱至今仍然使用。

中國菜無處不見蔥，蔥的使用廣泛，各部位的使用也不同，有時蔥花，有時蔥段，有的只用蔥白，有時只要蔥綠，台灣的蔥，分為日蔥與北蔥，宜蘭地區的是日蔥，蔥白直徑小些，也長一些，綠的蔥葉較軟，而北蔥為夏天的產物，雲林為產地，蔥白較粗，但蔥綠卻較挺直，至於山東大蔥，台灣原來沒有，如今有小量生產，主要是埔里地區，而且只有冬季才有，夏天是長不出來的，偶爾在市場會看到少量的小型蔥，蔥枝細小，而蔥白根處略為大些，這是珠蔥。

第一次去大陸時，不知道有「香蔥」，問說:「怎麼蔥沒長大，你們就拔來用呢？」原來是長不大的蔥，他們叫香蔥，小蔥拌豆腐就是這種蔥。

蔥開裡的主角蔥油，看似簡單，其實費功，要做好的蔥油，就要捨得用蔥，二到三斤的蔥才能做成一小碗蔥油，做蔥油的火不能大，只能慢慢的煸，直到蔥都成了金黃色，才大功告成，火一大蔥焦黑，就前功盡棄。開洋挑大的，型好，如同金鉤，先泡黃酒，瀝乾後，以豬油煸香，接著再煸蔥段，直到白色蔥段成了金黃色，這是徐師傅的做法，上海人的做法，蔥油是一樣的，而開洋卻是泡開後，加醬油燒出來的。

如今不見拌麵，僅見煨麵

以前上海人最推崇的蔥開拌麵，是城隍廟的湖濱點心城，住得再遠，千里迢迢的騎個單車，再排老半天的隊，就為了吃一碗蔥開，內行在地人，只會講「蔥開」，一說「蔥開拌麵」，就知是外地來的，當時有「湖濱蔥開麵，飄香酒曲橋」之美譽，如今湖濱早不賣蔥開麵了，而台灣的江浙館，你可以找找看，哪家還會賣蔥開拌麵，如果有，也只剩蔥開煨麵，而煨的只是，沒有開洋的鮮香味，而蔥油的香氣若有似無的飄在碗裡，像是一碗爛糊麵。

最後一次的記憶，吃到的蔥開煨麵，是在台北的一家川揚館子裡，經濟部的一個專案，培訓秘密客的資格條件，實地培訓的一堂課，我點了一道蔥開煨麵，待麵來，實物教學，服務人員都是超過 50 歲以上的大媽，兇的很，不一會，呼的一聲，上來了一碗蔥開煨麵，麵條是台灣擔仔麵的黃麵條，爛糊糊的，既沒有蔥油的香，也沒有開陽的鮮，只見幾隻乾蝦米在碗中游啊游的。

開陽指的就是乾蝦米，如果手邊剛好沒有乾蝦米，可以用冬蝦代替，而這道料理中的綠色蔬菜，則可在大陸妹、青江菜中二者擇一即可。

- **食材**

蝦米30g、大蔥3根、上海細麵條200g、豬骨濃湯600cc、綠色蔬菜50g

- **佐料**

豬油適量、鹽少許、胡椒粉少許

- **做法**

1. 蝦米泡水約3分鐘，撈出瀝乾；蔥洗淨切斜段，並將蔥白、蔥綠分開，備用。
2. 取一鍋燒熱後，放入1大匙豬油，再放入蝦米以小火炒約2分鐘，接著放入蔥白炒至微黃。
3. 熄火，加入豬骨濃湯與加入鹽、胡椒粉一起攪拌均勻。
4. 另取一鍋水，待水煮滾後，將麵條放入滾水中汆燙約1分鐘，撈出瀝乾備用。
5. 將麵條放入步驟3的鍋中，以小火煮約4分鐘後，再放入蔥綠與青菜一起煮約1分鐘，即成。

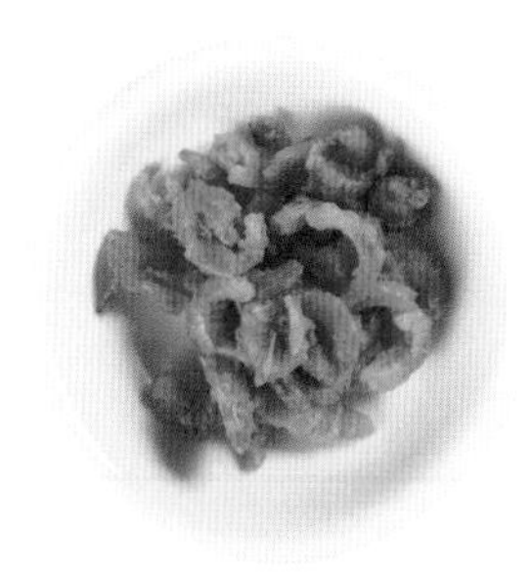

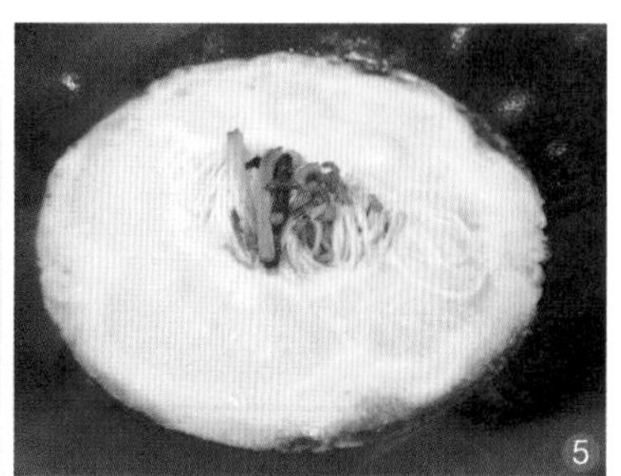

菜飯

菜飯，到處都有，台灣有的地方做高麗菜飯，如果叫上海菜飯，那只是江浙一帶的通稱。

談菜飯前先弄清楚菜飯的原意，以前家境普遍清貧的人家，家裡剩的菜與飯煮在一起，再配些鹹菜，就是一頓飯，如果能有些豬油拌在內，那就是有葷有素的一餐，台灣在四、五十年前一樣是豬油拌飯的年代。

後來菜飯升級了，我們就先來看看蘇州的鹹肉菜飯是怎麼做的，季節一到，寒冬臘月，蘇州人家家都會醃些鹹肉，而這時候也是矮腳青上市了，這矮腳青很像台灣的青江菜，只是這打過霜的矮腳青，菜頭白色的部位，很甜，拿它來做菜飯，鹹肉用的是帶肥的五花肉，這一鍋飯菜怎會不好吃呢？米要用當年新的粳米，再加一點糯米，以前是用大鍋，燒柴的灶來燒，先炒青菜與鹹肉（用的是豬油）再加生米同炒，炒到均勻，再加水收乾，收乾則是文火慢慢的收，蘇州人說菜飯是烘出來的，這樣的工序最後會產生一種副產品——鍋巴，大家搶著吃，現代不可能這麼做，沒那種閒工夫了。

家庭剩菜的變通，配料可以靈活搭配

現在蘇州人的菜飯，改良了，因為有電鍋，一樣的鹹肉、青菜炒好，與米放在電鍋內，時間到了就是一鍋香噴噴的菜飯了，所以青菜一定是泛黃的，不會是翠綠的，如果青菜是翠綠的，一定是分開做的，蒸好飯，再加上炒好的鹹肉與青菜一拌，如果要有鍋巴，就將砂鍋燒熱，蒸好的菜飯放進去，再燒一下，整個砂鍋一起上，待會鍋巴就好了，這也算是菜飯，但大部分台灣的江浙館菜飯，連用蒸的都不做了，直接成了炒飯，裝了個砂鍋就出菜了，炒飯怎會與菜飯一樣呢？

菜飯本是一種簡單、便利一般家庭剩菜處理的變通，無需執著非用鹹肉或火腿，吃剩的香腸，早餐沒用完的培根，煎的鯖魚沒吃完撕一撕皆可，菜的添加更是隨性，季節的菜，不要太容易爛爛的都可以，喜食蕈類的也可加些菇類，這些都是可靈活搭配的菜飯，說到

這裡，各位讀者想想，粵菜的煲仔飯，加些青菜，不就是菜飯嗎？

一般菜飯，傳統以來，是會放豬油來炒青菜，用的也是微量的豬油，現有煉好的豬油，也可以在家裡自己做，四、五十年前的台灣，家家戶戶都會煉豬油，煉完豬油後的油渣，千萬別丟了，豬油渣炒蒜末、紅椒、黑豆豉，是極品的小菜，四十年前台中火車站前一間復興飯店，他一樓的餐廳是賣江浙菜的，有哪些菜已經記不得了，但永遠記得，他們桌上放著免費可以再續的，蒜末、紅椒、黑豆豉炒油渣。

大廚
教你做

這道食譜因為加了鹹肉一起燒，鹹味夠了，所以沒有加鹽。讀者做的時候可以嘗味道，淡的話加點鹽。要記住，燜的時間不要超過十分鐘，否則青菜照樣要黃掉的。

- **食材**

熟豬油50g、青菜200g、鴻喜菇30g、老雪菜20g、白米300g、南肉100g、金華火腿30g

- **佐料**

鹽適量、胡椒粉適量

- **做法**

1. 米洗淨放入電鍋中，放適量水，浸泡半小時以上。這裡水要比平時煮飯時再稍微少一點，因為菜飯料跟湯汁會再加入鍋內煮，如果太軟了就不好吃了。
2. 把南肉和火腿切成丁，青菜洗淨切碎。
3. 等電鍋內的米飯煮好，開始冒泡泡時，另起個小油鍋，下豬油，煸炒步驟2完成的鹹肉和火腿丁、青菜、老雪菜、鴻喜菇，不要炒太久，煸透就可以了。
4. 等電鍋裡的水差不多要收乾時，趕緊把步驟3炒好的青菜跟肉湯放進去，鋪在飯的表面。
5. 電鍋按鈕跳起後，再燜10分鐘，開蓋，加適量鹽、胡椒粉調味並拌勻，即成。

TIPS **做菜飯最好用上海青，選顏色深的，顏色越深越有黏性，最好是打過霜的，就更甜糯（甜而有黏性）了。**

❷ 南肉

❸ 生豬油　熟豬油

蘇式禿黃油拌飯

蘇式禿黃油拌飯，除了蘇州、南京、鎮江、上海一帶都會做禿黃油，用禿字是何意？蘇州方言？

這做法是因為早期沒有冰箱，無法冷藏，剛上市的大閘蟹，除了新鮮蒸或煮來吃，很難保存，農曆的九、十月，大閘蟹膏滿黃足，大閘蟹蒸熟後，母的取蟹黃，公的取蟹膏，再加上拆下來的蟹肉，用豬油來炒，當然是用自己煉的豬油最佳，一隻公蟹，一隻母蟹拆解下來就那麼一點點，要一次工，如果不多拆幾隻，是不划算的。

1989 年我第一次來到大陸南京，南京的親戚就做了一小罐送我，拌飯、拌麵都好吃，就是一個鮮字，還好，那時的大閘蟹便宜，三兩重的一隻約七、八元人民幣，換到今天，一隻三兩重的大約台幣兩百元，用十隻，這一瓶禿黃油就要台幣兩千元了，誰吃的起呀！

此道料理關鍵

——禿油黃

做這禿黃油，就是費工，耗時間，拆蟹肉，取蟹膏、蟹黃，只能慢慢來，拆下來後，炒，更是細活，油要多些，蓋過黃油，小火慢慢的翻炒到油與黃油融合了，下黃酒，少許的醋，薑茸，最後下點白胡椒，再以鹽調個味，這才算是大功告成。

禿黃油，說起來是一種醬，就如同港式的 XO 醬，老乾媽牛肉醬，湘西的土匪臘肉醬等，老祖宗為了保存食物的智慧，發明以油、鹽、糖或風乾的方式，這禿黃油也是用油來保存新鮮食物最好的代表，做禿黃油是不得已的事，能吃新鮮的最好，蒸煮是一個最好的選項，不過，糟或醉也有其獨特的風味。

《糟蟹歌訣》：三十團臍不用尖，老糟斤半半斤鹽，好醋半斤斤半酒，入朝直吃到明年。江南赴京城做官，自帶糟蟹，所作的歌訣。

《醉蟹歌訣》：雌不犯雄，雄不犯雌，則久不沙。醉蟹需膏黃凝聚才美，不凝而散謂之沙，沙則精華盡失，這是明朝南院子名妓所傳，醉團臍數十個一罐，若雜一尖臍於內，則必沙，反之亦然，白話就是公的必須全部是公的，如果有一隻母的，雜於其間，則膏必散。

原為青樓菜，集蟹之精華

台中有家江浙小館，算是台中最老的，他們有道菜叫熗（ㄏㄚ），就是生醃的醉蟹，為何叫熗（ㄏㄚ）？弄了老半天才搞懂，上海的螃蟹方言，發音像ㄏㄚ，熗則是生醃，不是常常有，他們用的是金門的青蟹，沒有汙染，味道很好，但這幾年好像不做了，生醃，不夠新鮮，沒汙染，那是做不了的。

傳說禿黃油，上海揚州叫炒蟹油，原為青樓菜，妓女為了留住恩客而花心思做出比一般小菜更精緻的私房菜，您想想看，集蟹之精華，又是膏，又是黃的，大補啊！

此道料理的精華在於炒黃油，炒油過程中可以自己嘗一下鹹淡，調整到自己喜歡的味道。

• **食材**

大閘蟹10隻、黃酒（花雕酒）200g、薑茸50g、白飯1碗

• **佐料**

熟豬油100g、鹽適量、鎮江醋（五香醋）適量、白胡椒粉少許

• **做法**

1. 大閘蟹蒸熟後，進行拆蟹，並將飽滿的蟹黃單獨放在一個碗裡。
2. 蟹肉也同樣拆好，十隻大閘蟹只拆得一小碗蟹黃和一小碗蟹肉。
3. 鍋中放入豬油，油要多些，油化成液態後，下入蟹黃小火慢慢翻炒，油量要蓋過蟹黃。
4. 不停地翻動，直至蟹黃與油融合，鍋中油漸漸變成金黃色後，加入蟹肉再繼續慢慢熬製，約5分鐘後，沿著鍋邊倒入黃酒去腥，炒香後再加入薑茸（生薑碎末，越碎越好），炒均勻後同樣沿著鍋邊烹入少許香醋，加入一點點白胡椒粉，最後加鹽調味，炒香後就可以出鍋了。
5. 將炒好的禿黃油與白飯拌在一起，即成。

油豆腐細粉、鴨血粉絲湯

油豆腐細粉，鴨血粉絲湯，這兩道都是點心，也可以當湯喝，共通點是都有粉絲，也就是台灣說的冬粉。

至今不知為何只有台灣稱呼冬粉，大陸的叫法是粉絲，粉條，寬粉條等等，最早是山東招遠市為最大集散地，因為 1916 年龍口港開埠後，附近生產的粉絲皆由此集散，出口，才有了龍口粉絲的招牌，早期是以純綠豆粉為原料，後來，馬鈴薯、地瓜、玉米等雜糧皆可做成粉絲，只要不亂添加，就是好的粉絲。

兩種點心，精髓都在湯頭

這兩種點心都需要有好的高湯，油豆腐細粉，可用豬骨頭高湯，而鴨血粉絲，用鴨架子熬湯最速配，先說鴨血粉絲湯，這是南京的特色小吃，上海也有，但不如南京。有次從南京搭火車到上海，那時的車速很慢，大概要五個多小時，從上火車開始，就看到兩方人馬，對坐，開始對罵，一邊是南京人，一邊是上海人，上海城市人，認為除了他們上海人之外，都是鄉下人，南京人又被諢稱為大蘿蔔，兩邊一直吵，我在蘇州站下車，還在吵。但南京的鴨血粉絲就是比別地方的好吃，南京吃鴨子，鹹水鴨、板鴨，銷全國，鴨子的用量大，剩下鴨架子燉的底湯，新鮮滑嫩的鴨血，加上鴨油製的燒餅，早餐也好，下午點心也可，這是全國第一名的南京特色小吃。

油豆腐細粉，這湯應是浙江湖州的傳統小吃，前幾年有人引進，在台北中山北路開店，打著百年湖州的店招，沒多久，靜靜的下課了，慕名去吃了一次，實在不如台中一家上海湯包店做的。台中這家上海包子鋪，附帶賣油豆腐細粉，包子配油豆腐細粉，可點心，亦可正餐，這家包子店，很性格，中午一頓賣細粉，過午不候，就只賣包子。他家的油豆腐細粉有油豆腐，百頁包肉、細粉。換成油麵筋塞肉，百頁卷包肉，加細粉，就成了江浙館的兩筋一湯，而這兩筋一湯，是從鑲筋頁，到釀筋頁，最後到台灣成了兩筋一湯，老師傅方言轉的真厲害，上海的鑲筋頁，又名雙檔，就是油麵筋塞肉與百頁卷包肉，各一種，叫雙檔，口袋裡的孫中山不太夠，也可叫單檔，就是油麵筋或百頁卷擇一，這是上海的吃法。

說聲抱歉，這次拍攝時間太趕，漏掉了百頁卷包肉的成品，不過徐師傅菜的製作說明上有，百頁卷包肉餡，容易啦！當然，不加百頁卷的油豆腐細粉湯，只要湯好，這碗點心也是很可口的。

大廚
教你做

這兩道點心，都須花較多的時間燉煮湯底，燉得好了，味道便會相當鮮美。

油豆腐細粉

• 食材

細粉1捆、小油豆腐果4個、冬菜20g、芹菜末30g、榨菜絲10g、乾百頁皮6張、豬絞肉200g

• 佐料

薑末20g、蔥末30g、高湯1000cc、鹽1小匙、小蘇打粉5～6g、胡椒粉少許、香油少許

• 做法

1. 將細粉切兩段並泡水；百頁皮加小蘇打，泡溫水至軟，取出瀝乾，備用。
2. 將高湯煮開後，放入小油豆腐果，轉至小火，浸泡10分鐘入味備用。
3. 絞肉加入鹽，摔打至有黏性，放入薑末、蔥末拌勻備用。
4. 將步驟1完成的百頁皮攤開，鋪上絞肉，捲成卷狀，即成百頁肉捲。
5. 將百頁肉捲放入蒸鍋中，蒸約10分鐘後取出備用。
6. 冬菜略微清洗一下，瀝乾備用。
7. 重新煮開步驟2的高湯，接著加入細粉、冬菜煮1分鐘，再加入鹽調味拌勻。
8. 倒入碗中，擺上小油豆腐果、、百頁肉捲、榨菜絲，起鍋前撒上芹菜末、胡椒粉，滴入香油即可。

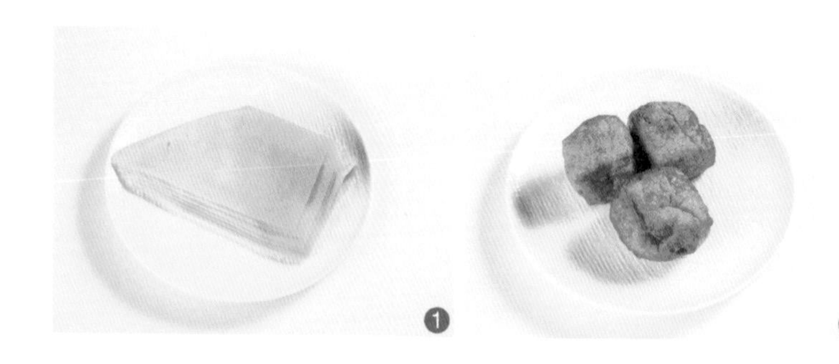

❶ ❷

鴨血粉絲湯

• 食材

鴨骨架1副、鴨血200g、粉絲100g、鴨肝50g、鴨腸50g、鴨心50g、鴨胗50g

• 佐料

香菜10g、薑片5片、薑末10g、蔥花10g、五香滷包1個、鹽20g、白胡椒粉少許、香油少許、辣椒紅油少許

• 做法

1. 取一容器加水，先將粉絲泡開，備用。
2. 用冷水將鴨骨架煮至水滾，汆燙去血水。
3. 再將汆燙好的鴨骨架放置冷水中，加入薑片3片，大火煮開後，以小火煲1小時製成高湯。
4. 先用冷水加薑片2片，將鴨肝、腸、心、胗等放入煮至水滾，汆燙去血水，另加入五香滷包用小火滷約1小時。
5. 另起一鍋，鍋內燒開水，將鴨血放入，煮至沸騰時撈起，備用。
6. 重新燒開步驟3完成的鴨骨湯，放入鴨血煮至沸騰時，將鴨血連湯一起倒入碗內。
7. 另起一鍋水並燒開，將泡軟的粉絲煮至軟，並將粉絲也放入步驟6的湯碗內。
8. 放入鹽、白胡椒粉、香油、辣椒紅油及香菜，薑末，放上步驟4滷好的下水切片，即可。

❹

❺

棗泥鍋餅、心太軟、桂花酒釀湯圓

棗泥鍋餅、心太軟、桂花酒釀湯圓，棗泥、糯米，桂花與酒釀，這三道甜品，都是飯後上的，西餐的甜點是代表一頓飯後完美的 Ending。

這三種是一般江浙館常備的，以前沒有心太軟這個點心，大概是這二十年才出現的，棗子裡包湯圓，取心太軟，名符其實，棗子去籽，麻煩的是包在棗子內的湯圓。棗子用的紅棗多為乾貨，棗子原為北方產物，有黑、紅兩種，我們常用紅棗，台灣是移植大陸北方的棗子，但氣候、溫度、與濕度皆不適合，如今台灣吃到像青蘋果一樣的棗子，是經過改良不同的棗子。棗子的功能很多，做湯可添加，燒菜也可以，但做餡是最常用，棗泥可做元宵餡，可做月餅，也可做棗泥鍋

餅，棗泥鍋餅的餅皮很重要，要高筋麵粉，攤得要薄，太厚就不像甜點了。

元宵曾被袁世凱下令，改名湯圓

湯圓，最早叫浮圓子，到了明朝才叫元宵，北方叫元宵，南方叫湯圓，北方只有甜的，而南方甜、鹹皆有，台灣則是包肉餡的鹹湯圓，清末，民國初年，袁世凱登基，當了 82 天的皇帝，元宵音袁消，於是下令改為湯圓，不准用元宵兩個字，至今也沒改成，元宵節吃元宵照講，大概是皇帝做的時間太短了。

桂花酒釀湯圓、心太軟，都用到甜桂花醬、鹹桂花醬、乾桂花，桂花正名為木樨花，桂花黃花黑枝，是金桂，而白花是銀桂，一般是秋天到了，桂花飄香，但亦有四季桂，四季皆開花，蘇州傳統桂花季節時，搖樹拾取桂花，製成桂花醬，有甜有鹹，是取其獨特桂花香，也可製成桂花酒，除了蘇州以外，湖北的鄂州也是桂花的故鄉，桂花的產品，更是琳瑯滿目。

甜酒釀喔！一聲吆喝，想起了五十年前的情景，小時候，除了有賣醬菜的推車，有賣杏仁茶與油條的小販，賣臭豆腐的老兵，但最好聽的那一聲甜酒釀的叫賣聲，這些推著車子的小販，都是賣著家鄉味，後來沒有推車，台中只剩練武路一家專賣甜酒釀的小作坊，不久也消失了，如今除了一些老太太，哪還有人願意做甜酒釀呢？

徐師傅做的桂花酒釀湯圓，用的是藕粉勾薄芡，橘子肉瓣、鹹桂花醬，打個蛋花，即成，有空可以來嘗嘗，比比看，鼎泰豐的有比較好吃嗎？

製作心太軟的麵團時，需同步製作粿脆，一起加入麵團中，將會使湯圓吃起來更有彈性。

棗泥鍋餅

• 食材

高筋麵粉200g、水60g、雞蛋1顆、糖粉20g、生芝麻100g、棗泥50g

• 佐料

花生油80g

• 工具

保鮮膜2張、打蛋器1個

• 做法

1. 製作麵糊：取一容器，放入高筋麵粉、水、蛋、糖、花生油，用打蛋器以順時鐘的畫圓方式將材料拌勻後，靜置20分鐘成為麵糊，備用。
2. 將1張保鮮膜鋪在桌上，取適量棗泥鋪平，再蓋上1張保鮮膜，用工具將棗泥擀成長方薄片狀，備用。
3. 用紙巾在鍋中抹一層油，倒入麵糊攤平後，以小火煎成麵餅，中間放入棗泥，將麵餅四邊向內對折呈長方形後，取出鍋餅。
4. 將鍋餅表面塗上薄薄麵糊，再沾上生芝麻粒。
5. 在鍋子中加入少許油，續煎至兩面金黃，起鍋後切塊盛盤，即成。

心太軟

• 食材

大紅棗20顆、糯米粉200g

• 佐料

冰糖150g、甜桂花醬20g、乾桂花5g

• 做法

1. 紅棗泡水約2小時後，將紅棗用剪刀剪開切口，將紅棗籽去除。
2. 取糯米粉170g倒入大碗內，將水一點一點加入糯米粉內，揉成麵團。
3. 再取糯米粉30g，加入滾水，製成「粿脆」，並加回步驟2的麵團中。
4. 把糯米粉麵團揉勻至麵光、手光、碗光，接著揉成長條，切小塊並逐一搓成小湯圓，一個個塞進紅棗內。
5. 熱鍋，將步驟4完成的紅棗麵團放進滾水裡，轉小火，煮至紅棗麵團浮起便撈起盛盤，鍋中水可倒除。
6. 再次以小火熱鍋，乾鍋狀態中放進冰糖持續攪拌，等冰糖融化變色後，迅速加入水，以中火煮至滾開，持續攪拌。可以熬久一點點，讓糖水呈現糖漿狀，後加入糖桂花醬、乾桂花，完成桂花糖漿。
7. 將完成的糖漿淋至步驟5的盛盤紅棗湯糰上，即成。

TIPS **煮紅棗麵團時，千萬不可煮太久，否則麵團將會變色。**

1

4

桂花酒釀湯圓

• 食材

生湯圓（芝麻／花生）6顆、紅白小湯圓50g、
雞蛋2顆、酒釀100g、罐頭橘子肉瓣40g

• 佐料

藕粉（太白粉）50g、砂糖200～250g、
鹹桂花醬30g、水500c.c.

• 做法

1. 將500c.c.的水倒入鍋中，加入砂糖和橘子肉瓣，加入酒釀，可以依個人喜好再加點桂花醬添加香味；用大火煮滾，並一邊攪拌，避免燒焦。
2. 於鍋中下少許藕粉水勾薄芡（若勾芡太濃反而會影響口感），再將打勻的蛋汁加入鍋中，攪拌5秒後關火，完成酒釀湯底。
3. 另起一鍋水並燒開，將生湯圓與紅白小湯圓直接放入滾水中（不需事先解凍），以大火煮滾再關小火，待湯圓浮起5 ～ 8分鐘後撈起。
4. 將湯圓盛碗，再倒入步驟3完成的酒釀湯底即成。

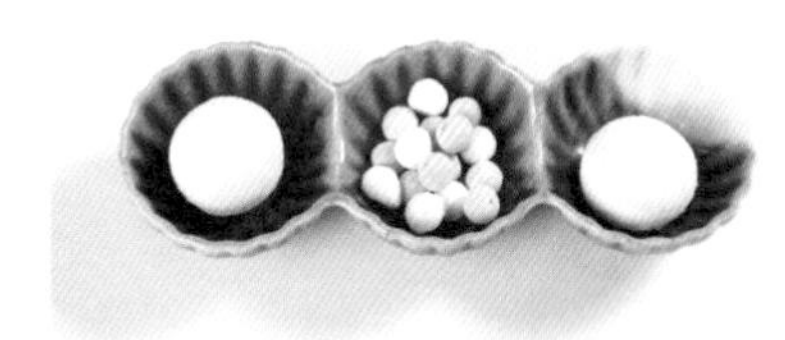

❸

一定要先勾芡後才下蛋汁，這樣蛋花才漂亮，且不會黏稠成一團，可使蛋花的口感較滑順。

❶

❶

❶

合案分食

有兩句成語，都是隋唐以前的形容詞，一是席地而坐，漢朝還都是坐地上吃飯，另一句是舉案齊眉，為了尊重自己的丈夫，把吃飯的桌子，舉到眉毛那麼高，送到丈夫面前，那個案就是飯桌，有多大、多重呢？

從這兩句成語來看，以前是，坐在地上，眼前有個小桌，供一個人吃飯的方式，而在唐朝出土的宮女圖裡，畫的是一大型長桌，好幾個宮女圍著長桌用餐，桌上一人一份餐具，一人一份食物，大碗的湯，用的是公匙分食，這是典型的「合案分食」，也就是現在西餐所呈現的模式，如果提供的是中餐食物，就成了中餐西吃的叫法，多麼荒謬的誤解！

同桌共食，自古便有

中華民族的飲食歷史，記載的很清楚，從隋唐之前的分食，到宋朝之後的合食模式，皆有脈絡可循，可惜的是，我們忘了老祖宗的制度與智慧。

以前，沒有椅子，所以是席地而坐，相信大家都看過歷史電影，才可以舉案齊眉（妻子都是大力士才能將桌子抬到眉毛上）。胡椅、胡床從西域傳到中原，加快速度改變是北宋的南遷，杭州較之北方，熱而潮濕，逐漸高腳椅、桌的形成，而從分食到圍著桌子的合食，直到今日尚維持著同桌合食的習慣。

如今中餐高檔的個人套餐，就是同一道菜在餐的設計上，呈現不同的手法與擺飾，更有食材的價值與美感，中國人在合案分食的年代，歐洲還是拿著刀大塊吃肉的年代，一千年前歐洲的烹調，怎能與宋朝的瓷器與吃法相比呢？

南唐，李煜，這位好詩、畫的皇帝，為了知道他的一位大臣韓熙載的夜生活，派了畫家顧閎中去偷窺其夜間生活的情形，回來後畫了一幅留傳至今的名畫＜韓熙載夜宴圖＞，畫出了當

時大官懷
舊奢華的夜生
活，表現的就是典型
的分案分食的場景。

徐師傅做了兩套餐點，一套是蘇州風情，另一套則是杭州味，雖然是一份個人套餐，除了擺飾的精緻，更重要的是搭配得宜。

※案：指的是桌子，也可是托盤。

品味蘇州套餐

上菜順序

蘇園彩碟舞味饈

豌豆湖蝦玉帶貝

清燉蟹粉獅子頭

蘇式鮑煨烏婆參

無錫醬肉荷葉莢

珠蔥瓜薑蒸龍鱈

薺菜百合春筍嬰

石磨杏香豆腐腦

榛果貴妃酥蜜果

從中式的套餐模式，可將中國菜從低價位，不具美感的現況中，推向國際主流的菜式走向。先說品味蘇州，有著蘇式風味，烹調技法與食材的和諧，這就是蘇州風情。傳統蘇州佳肴，味偏甜，鹹香，少辣味，是富貴人家後花園的風味。

本次整理的蘇州套餐，以春、夏二季為最佳享用時節，整體口味典雅，多使用較淡的調味。

冷盤：蘇園彩碟舞味饈

六種菜，六種風味，六種食材，六種烹調手法，各位想想，你現在去吃酒席菜的前菜與冷盤，有遵守最基本的要求嗎？

1.柚香櫻花蝦：水果調味，海味。
2.蘇式臘風雞：鹹香，家禽。
3.姑蘇醬滷鴨：滷家禽。
4.無錫脆鱔：甜味河鮮。
5.椒香蜇花：花椒味、海味
6.梅汁西紅柿：酸甜，素食。

豌豆湖蝦玉帶貝：

以蝦仁過油後佐以豌豆仁，點綴著鮮干貝，鮮字打頭陣。

清燉蟹粉獅子頭：

清燉，用季節最鮮的蟹肉與豬肉合體，清燉的技法，火侯為重。

蘇式鮑煨烏婆參：

以湯煨鮑、參，價值的表現。

無錫醬肉荷葉夾：

先醃再滷，鮮甜醬配刈包，飽足之物。

珠蔥瓜薑蒸龍鱈：

清蒸，用醬瓜、薑帶出圓鱈的色與鮮。

薺菜百合春筍嬰：

清蒸，春之宴，薺菜加春筍，好吃又優雅

石磨杏香豆腐腦配榛果貴妃酥蜜果：

新鮮水果與酥餅，最後壓軸甜品，完美的Ending。

食美杭州套餐

中式的套餐絕不是中餐西吃，而是地道、有文化，傳承的正規中華民族的吃法。有別於上一本《北方菜》介紹的粗獷北方料理，本次介紹的蘇杭料理多了一份精緻感，杭州菜的味道，因為有了西湖，多了些詩、詞的調和，不太甜，有點酸，濃濃的秀才味，怎能不說這是一套詩、文兼備的杭州套餐呢？

本次整理的杭州套餐，以秋、冬二季為最佳享用時節，整體口味濃郁，使用較重的調味，符合秋冬飲食。

上菜順序

杭肴味孅彩蝶皿
龍井芙蓉明蝦球
石斛湯燉柴把鴨
西湖醋溜鮮鯇魚
蟹黃芙蓉石榴毬
炆燒罈甕東坡肉
翡翠玉瓜鮮百合
橘香酒釀甜湯圓
蓬萊四季鮮蜜果

冷盤：杭肴味孅彩蝶皿

有葷有素，不同技法，不同口味。

1.糖心蛋：醬漬，蛋。
2.寧波鳳尾魚：油炸，海鮮。
3.油爆蝦：熱菜冷食，河鮮。
4.醉雞：醉法，家禽。
5.蔗燻香素鵝：燻法，豆皮。
6.水晶肴肉：凍肉，葷。

龍井芙蓉明蝦球：

清蒸，西湖龍井茶配上明蝦，
芙蓉做法，融合蛋白與鮮奶，
講究的是火候、蒸法。

石斛湯燉柴把鴨：

清燉，夏天鴨湯補，
開胃補氣石斛味。

西湖醋溜鮮鯇魚：

以煮代蒸，酸中表現鮮。

蟹黃石榴球：

水煮，雞肉與蟹肉，
用蛋皮包起來就成了石榴球。

炆燒罈甕東坡肉：

紅燒，杭州菜少不了東坡肉，
配白飯、荷葉夾皆美。

翡翠玉瓜鮮百合：

清炒，絲瓜百合美又好吃。

橘香酒釀甜湯圓加上蓬萊四季鮮蜜果：

新鮮水果與甜湯，完美收尾。

跋

天下文章一大抄，做菜也一樣，沒有前人歷史的記載，怎會有現代？每位博士的論文，他們都不是憑空而來，「抄」並不是抄襲，原封不動的借用，而是多年努力的學習與吸收知識，最後有自己獨立獨到的見解，這是念了多少書，參考多少文獻，最後內化成了自己的論文。廚師也一樣，一位好廚師能名留千古，留幾道自己所創的菜，是多麼不容易，如果他沒有學習過別人的菜，自己是不可能從無到有，而學的就是歷史與經驗。

袁枚在三百多年前的《隨園食單》裡說：「有味使之出，無味使之入。」簡單的十個字，說一位好廚師應該有的敬業精神，拿到一塊肉，或是一條魚、一隻筍，肉是燒，是炒還是烤呢？魚適合蒸，做湯？還是紅燒？是綠竹筍？麻竹筍？還是桂竹筍？不知食材的特性，又怎麼能做出好菜呢？色澤的搭配，有美感嗎？物理化學的變化，火候的控制，有了這些知識，才能做到有味使之出，無味使之入。廚師劇場的目的，是希望保存中華飲食文化的精髓，將老祖宗留給我們技術與文化的資產，找出來重視它、保存它、延續它，讓吃更有趣，更有品味。

明朝張方賢＜煮粥詩＞
煮飯何如煮粥強，好同兒女細商量，
一升可做三升用，兩日堪為六日糧，
有客只需添水火，無錢不必作羹湯，
莫嫌淡泊少滋味，淡泊之中滋味長。

吃粥的好，只有宋朝陸游最了解：
世人個個學長年，不悟長年在目前，
我得宛丘平易法，只將食粥致神仙。

最簡單的稀飯，老祖宗們寫的多好，與大家分享。

【看蘇杭菜的故事。品天堂味的鮮美】

作　　者　徐文斌
撰　　文　岳家青
攝　　影　楊志雄
編　　輯　林憶欣、尤恬
校　　對　林憶欣、尤恬
　　　　　徐文斌、岳家青
美術設計　吳靖玟

發 行 人　程安琪
總 策 畫　程顯灝
總 編 輯　呂增娣
主　　編　徐詩淵
編　　輯　林憶欣、鍾宜芳
　　　　　吳雅芳、尤恬
美術主編　劉錦堂
美術編輯　吳靖玟、劉庭安
行銷總監　呂增慧
資深行銷　謝儀方、吳孟蓉

發 行 部　侯莉莉
財 務 部　許麗娟、陳美齡
印　　務　許丁財
出 版 者　橘子文化事業有限公司

本書特別感謝

林口亞昕福朋喜來登酒店
提供本書拍攝場地

總 代 理　三友圖書有限公司
地　　址　106台北市安和路2段213號4樓
電　　話　(02) 2377-4155
傳　　真　(02) 2377-4355
E-mail　service@sanyau.com.tw
郵政劃撥　05844889 三友圖書有限公司

總 經 銷　大和書報圖書股份有限公司
地　　址　新北市新莊區五工五路2號
電　　話　(02) 8990-2588
傳　　真　(02) 2299-7900

製版印刷　卡樂彩色製版印刷有限公司

初　　版　2019年06月
定　　價　新台幣500元
ISBN　978-986-364-144-5（平裝）

三友圖書
友直 友諒 友多聞

國家圖書館出版品預行編目(CIP)資料

廚師劇場 蘇杭菜：看蘇杭菜的故事。品天堂味的鮮美/ 徐文斌著. -- 初版. -- 臺北市：橘子文化, 2019.06

面；　公分

ISBN 978-986-364-144-5（平裝）

1. 食譜 2.中國

427.11　　108007322

給客人吃的家宴和點心

① 上海媳婦的家常和宴客菜（中英對照）

程安琪 著／定價 420元

烹飪名家程安琪老師，累積三十多年的烹飪教學經驗，身為上海媳婦，傳承了滬菜的精髓，並兼顧新時代的飲食要求，精心整理出100到正宗好吃的上海家常菜， 您如何做出家常、宴客皆宜的上海菜料理。

② 過年囉！歡喜團圓做年菜

程安琪 著／楊志雄 攝影／定價 420元

烹飪教育家傅培梅精心傳承，廚藝名師程安琪首次分享家傳年菜，91道程家私房菜及手工菜，說典故、巧手做、點訣竅，毫不藏私。讓你輕鬆學會名廚家的年節料理。

③ 流行中式點心：茶粿、酥餅、糕點、包子饅頭一次學會

獨角仙 著／定價 450元

花般美麗的荷花酥、飄香的胡椒餅、經典的老婆餅……討長輩歡心的壽桃、最夯的冰皮月餅、銷魂的叉燒酥……這些美味，從今以後不必外求！中英文食譜並陳，詳實步驟分解圖，只要跟著書中步驟，初學者也能一次精通！

④ 傅培梅的中國名菜精選(精裝)

傅培梅 著／定價 1500元

「傅培梅的中國名菜精選」是台灣知名廚師、烹飪節目製作人及主持人傅培梅老師畢生從事中國菜研究的傑作。本書亦為市面上難得一見，蒐羅完整的中國各區域菜系重要菜肴之食譜大全，除了分析各地區菜肴的特色外，傅老師並逐道菜講解其典故、出處及製作時應注意的地方，提綱挈領，使讀者在學習做菜技巧之外，亦加深對於中華美食根源的認識。

⑤ 中菜精品烹飪大系-山珍海味

中國烹飪協會名廚專業委員會主編／定價 450元

集百位中國烹飪大師作品，精選以珍菌、燕窩、鮑魚、海參、魚肚、魚翅等為主料的中菜100多道。分山珍和海味兩章，傳統菜肴與創新地方菜兼備。既是一展現代中菜的概貌，也可作為餐飲業界創新菜單的借鑒。

⑥ 舌尖上的K姐之大師的家宴

K姐 著／定價 400元

收藏大三元、金蓬萊、Orchid 蘭、J&J 私廚、夜上海等不同菜系十二位名廚的獨家絕學，和許多師傅不說你不知道的烹飪小技巧，K姐讓你享受美食不用等，將大師們的料理輕鬆搬上桌，用唾手可得的食材和最簡單步驟，素人瞬間變名廚，在家也能享受米其林等級的家宴！

品味生活好食光

① 一人餐桌：從主餐到配菜，72道一人份剛剛好的省時料理

電冰箱 著／定價 350元

本書教你從採買食材、快速備料、常備菜也能變出3菜1湯；分享一人食的自炊訣竅，快速做一餐滿足自己。

② 自己做天然果乾：用烤箱、氣炸鍋輕鬆做59種健康蔬果乾

龍東姬 著／李靜宜 譯／定價 350元

健康零食DIY！喜歡蘋果、葡萄柚、奇異果等酸甜果乾滋味，或是偏好馬鈴薯、牛蒡、豆腐、墨西哥薄餅等鹹食脆片，只要運用烤箱、氣炸鍋，就能在家輕鬆做出零負擔的美味蔬果乾！

③ 和菓子・四時物語：跟著日式甜點職人，領略春夏秋冬幸福滋味

渡部弘樹、傅君竹 著／楊志雄 攝影／定價 420元

揉合了四季五感的和菓子，展現春櫻、夏艷、秋楓、冬雪之美，以及女兒節、盂蘭盆節等日本節慶的精髓。和菓子職人邀請你，一同品味58種，帶給人們幸福滋味的日式手作甜點。

④造型饅頭：新手也能做出超萌饅頭

許毓仁 著／楊志雄 攝影／定價 450元

乳牛、哈士奇、聖誕老人、財神爺等等，通通變身健康又好吃的饅頭！從基礎塑型到進階組裝，跟著詳盡的圖解步驟，Step by Step，輕鬆做出40款卡哇伊造型饅頭一起走進萌萌的饅頭世界！

⑤ 豪華焗烤&百變濃湯：一台烤箱、一個湯鍋、經典3醬汁，簡單步驟，輕鬆端上桌！

絕品RECIPE研究會 著／柳瀨真澄 編纂、烹調／賴惠鈴 譯／定價 350元

無論是鮮蝦番茄香辣焗烤、章魚明太子奶油焗烤、牧羊人派、烤番茄牛肉濃湯、西西里風櫛瓜鮪魚濃湯……只要一台烤箱與一個湯鍋，就能輕鬆料理端上桌！

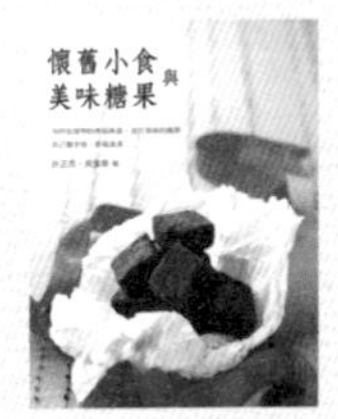

⑥ 懷舊小食與美味糖果

許正忠、周素華 著／定價 380元

本書將帶你重溫兒時的美好回憶，廣式月餅、桃酥、蛋黃酥、南棗核桃糕、牛軋糖、三色軟糖、金柑糖、拐杖糖…等，每種令人熟悉又懷念各式糕餅與糖果，都在本書中完整呈現。

一起閱讀飲食吧

① 尋味台中：你不知道的台中食光

岳家青 著／張介宇 攝影／定價 380元

從傳統的台式、中式道地小吃，一直到大眾化的法式料理、美式早午餐，從讓人遠道慕名而來的食肆，到巷子內無名的人氣小攤，作者所訴說的，不僅僅是「好吃」這件事，更是記錄了在城市獨特性格下，所養育出來的飲食文化。

② 一把鹽：人間有真味

左壯 著／定價 300元

一位走南闖北的加拿大華裔廚師，只用一把鹽做菜，目的是想吃的健康一點，把食物的真味重新發掘出來。他一邊獻上自己拿手的私房食譜，一邊講述自己行遍大江南北的味覺經驗，在華人圈掀起一場飲食風潮。

③ 好食，無國界：回歸自然才是最好的養身之道

左壯 著／定價 300元

一位走南闖北的加拿大華裔廚師，堅持只用天然調味做出上盛美味，他相信健康的食物也可以很好吃。繼「一把鹽」之後，這次將帶領讀者把味蕾延伸至各界各國，從日本壽司、墨西哥餅、美國火雞到法國的鴿胸，帶你一窺這些食物的文化，烹調的初衷。

④日本料理大不同：細說日本料理 讓你做個日本通

林麗娟、吳寧真 著／定價 340元

為什麼日本人聚餐時，每道菜都會剩一個？為什麼日本人喜歡用筷子吃西式料理？你可知日本的代表美食鐵板燒，其實來自於西班牙！關東醬油鹹，關西醬油淡，竟與水質有關，好多好多跟飲食有關的禮儀、習俗、典故、歷史，作者一樣一樣報給你知！

⑤ 東京味：110+道記憶中的美好日式料理

室田萬央里、井田晃子、皮耶・賈維勒 著／彭小芬 譯／定價 480元

如果用氣味記憶一座城市，東京該是什麼味道，味噌湯、握壽司、蕎麥麵，還是……？且看東京人娓娓道來一道道屬於東京的飲食記憶，那些日常生活的美好滋味。

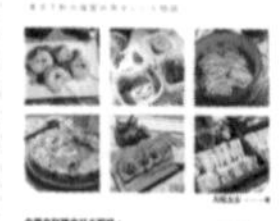

⑥ 大塚太太的東京餐桌故事

大塚太太 著／定價 340元

「不要嫁給獨子，婚後住娘家附近！」老天鵝～～媽媽的話我都有在聽，但我嫁去日本已經超過十年啦！細數和日本公婆、小姑同住的日子，從相敬如賓到坦誠相見，一切都是因為包容、愛，和最重要的「料理」，文化隔閡、水土不服、思鄉情愁……沒有什麼是在餐桌上不能解決的。

地址：　　　縣/市　　　鄉/鎮/市/區　　　路/街

段　　巷　　弄　　號　　樓

廣告回函
台北郵局登記證
台北廣字第2780 號

三友圖書有限公司 收

SANYAU PUBLISHING CO., LTD.

106　台北市安和路2段213號4樓

「填妥本回函，寄回本社」，即可免費獲得好好刊。

\ 粉絲招募歡迎加入 /

臉書／痞客邦搜尋

「四塊玉文創／橘子文化／食為天文創
三友圖書──微胖男女編輯社」

加入將優先得到出版社提供的相關優惠、新書活動等好康訊息。

四塊玉文創×橘子文化×食為天文創×旗林文化

http://www.ju-zi.com.tw

https://www.facebook.com/comehomelife

【黏貼處】對折後寄回，謝謝。

親愛的讀者：
感謝您購買《廚師劇場 蘇杭菜：看蘇杭菜的故事。品天堂味的鮮美》一書，為感謝您對本書的支持與愛護，只要填妥本回函，並寄回本社，即可成為三友圖書會員，將定期提供新書資訊及各種優惠給您。

姓名＿＿＿＿＿＿＿＿ 出生年月日＿＿＿＿＿＿＿＿
電話＿＿＿＿＿＿＿＿ E-mail＿＿＿＿＿＿＿＿
通訊地址＿＿＿＿＿＿＿＿
臉書帳號＿＿＿＿＿＿＿＿
部落格名稱＿＿＿＿＿＿＿＿

1 年齡
□18歲以下 □19歲～25歲 □26歲～35歲 □36歲～45歲 □46歲～55歲
□56歲～65歲 □66歲～75歲 □76歲～85歲 □86歲以上

2 職業
□軍公教 □工 □商 □自由業 □服務業 □農林漁牧業 □家管 □學生
□其他＿＿＿＿＿＿＿＿

3 您從何處購得本書？
□博客來 □金石堂網書 □讀冊 □誠品網書 □其他＿＿＿＿＿＿＿＿
□實體書店＿＿＿＿＿＿＿＿

4 您從何處得知本書？
□博客來 □金石堂網書 □讀冊 □誠品網書 □其他＿＿＿＿＿＿＿＿
□實體書店＿＿＿＿＿＿＿＿
□FB（四塊玉文創／橘子文化／食為天文創 三友圖書──微胖男女編輯社）
□好好刊（雙月刊） □朋友推薦 □廣播媒體

5 您購買本書的因素有哪些？（可複選）
□作者 □內容 □圖片 □版面編排 □其他＿＿＿＿＿＿＿＿

6 您覺得本書的封面設計如何？
□非常滿意 □滿意 □普通 □很差 □其他＿＿＿＿＿＿＿＿

7 非常感謝您購買此書，您還對哪些主題有興趣？（可複選）
□中西食譜 □點心烘焙 □飲品類 □旅遊 □養生保健 □瘦身美妝 □手作 □寵物
□商業理財 □心靈療癒 □小說 □其他＿＿＿＿＿＿＿＿

8 您每個月的購書預算為多少金額？
□1,000元以下 □1,001～2,000元 □2,001～3,000元 □3,001～4,000元
□4,001～5,000元 □5,001元以上

9 若出版的書籍搭配贈品活動，您比較喜歡哪一類型的贈品？（可選2種）
□食品調味類 □鍋具類 □家電用品類 □書籍類 □生活用品類 □DIY手作類
□交通票券類 □展演活動票券類 □其他＿＿＿＿＿＿＿＿

10 您認為本書尚需改進之處？以及對我們的意見？
＿＿＿＿＿＿＿＿

感謝您的填寫，
您寶貴的建議是我們進步的動力！

【黏貼處】對折後寄回，謝謝。